"十四五"普通高等教育部委级规划教材

U0742585

游戏界面设计

YOUXI JIEMIAN SHEJI

蒲鹏举　主　编

庞理科　郝建军　王文中　副主编

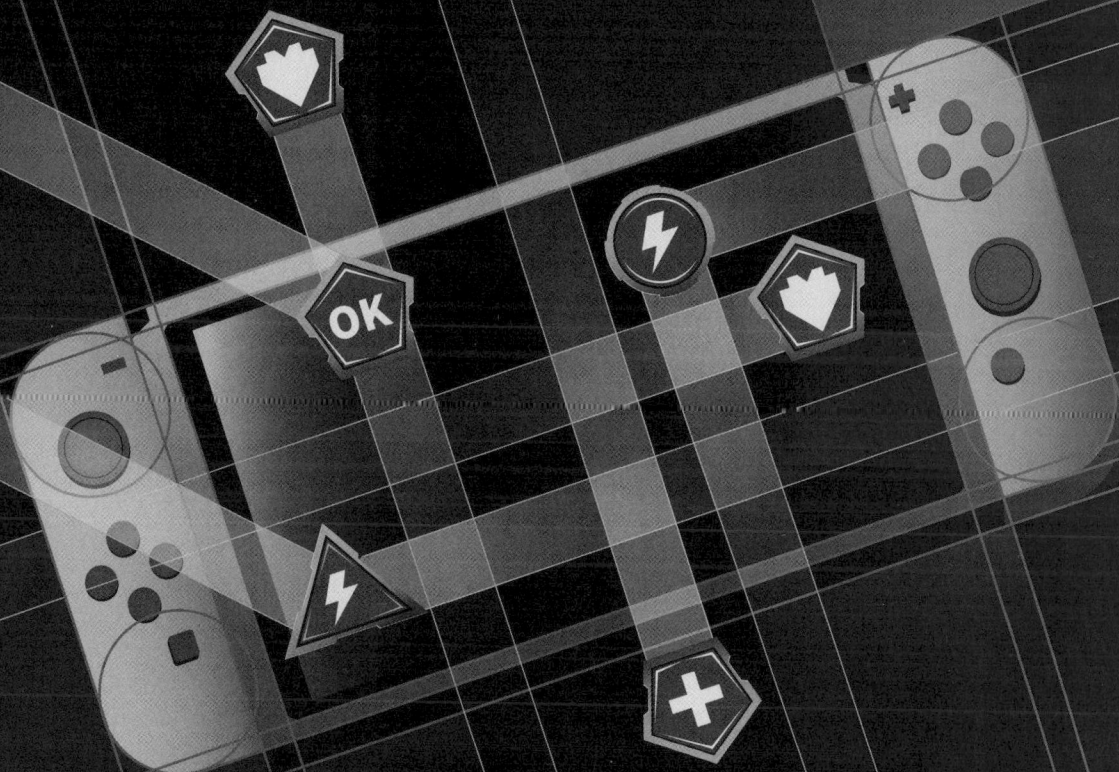

中国纺织出版社有限公司

内 容 提 要

游戏界面设计是游戏开发的重要组成部分，目的是为玩家提供视觉提示，以帮助玩家在某个情境中能够顺畅地完成界面交互，涉及用户界面（UI）和用户体验（UX）的设计。精心设计的界面可以提升玩家的整体游戏体验，增加游戏的吸引力和玩家留存率。

全书共七章，系统地介绍了初始游戏及游戏UI、图标设计、游戏界面构成原理与布局、移动UI设计、多平台游戏UI设计、游戏平面视觉设计及综合案例分析。通过案例式教学，实现学生设计能力与工作岗位群的对接，促进相关专业学生全面职业素质的养成。

本书既适合高等院校数字媒体艺术专业的学生使用，也是动画、数字媒体艺术及游戏美术设计爱好者的有益参考读物。

图书在版编目（CIP）数据

游戏界面设计 / 蒲鹏举主编 ；庞理科，郝建军，王文中副主编. -- 北京 ：中国纺织出版社有限公司，2025. 8. --（"十四五"普通高等教育部委级规划教材）. -- ISBN 978-7-5229-2866-1

Ⅰ. TP311. 5

中国国家版本馆 CIP 数据核字第 20255RW544 号

责任编辑：华长印　许润田　　责任校对：高　涵
责任印制：王艳丽

中国纺织出版社有限公司出版发行
地址：北京市朝阳区百子湾东里A407号楼　邮政编码：100124
销售电话：010—67004422　传真：010—87155801
http://www.c-textilep.com
中国纺织出版社天猫旗舰店
官方微博 http://weibo.com/2119887771
天津千鹤文化传播有限公司印刷　各地新华书店经销
2025年8月第1版第1次印刷
开本：787×1092　1/16　印张：15.25
字数：229千字　定价：69.80元

前言
PREFACE

游戏界面设计是一个综合性的设计领域，它涉及视觉美学、用户体验、人机交互等多个方面；是一个复杂而细致的设计过程，需要设计师在遵循设计原则的基础上，运用各种设计技巧和方法设计出优秀的游戏界面，使玩家能够专注于游戏的乐趣，而不是被复杂的界面所困扰。游戏UI即游戏图形用户界面等与之相关的所有工作被统称为游戏美术。在游戏中，游戏UI会根据不同游戏的特性，在游戏的主界面、弹窗界面、操控界面展现不同的信息，最后根据合理的设计，引导用户进行简单的人机交互操作。

游戏界面设计是一门集艺术与技术于一体的游戏基础学科，课程的设置面向职业岗位，要求具有很强的针对性、专业性，其主要任务是培养学生游戏界面的设计制作能力，使学生了解当今游戏设计制作的基本知识。本书共分七章，具体内容如下。

第一章为初始游戏及游戏UI。本章阐述了游戏的基本理论、游戏的分类、游戏的发展、游戏的开发流程以及UI在游戏开发中的作用。第二章为图标设计。本章就游戏UI中系统图标的设计与制作方面进行了阐述。第三章为游戏界面构成原理与布局。本章就游戏UI设计界面边框、抬头、页脚、转角与血条的设计和制作，以及关于用户体验与交互设计的搭建方面进行了阐述。第四章为移动UI设计。本章就移动设备图标设计、移动端布局规范、图像交互设计、Flash动画制作方面进行了阐述。第五章为多平台游戏UI设计。本章就网络游戏UI设计、网页游戏UI设计、多平台UI设计规范方面进行了阐述。第六章为游戏平面视觉设计。本章就项目VI设计、平面设计原理、创意设计要素以及游戏标志设计方面进行了阐述。第七章为综合案例分析。本章分别讲述了国内外教育游戏研究现状、MOBA游戏。

总之，本书将理论结合实际，注重知识的应用性、实践性，重视对学生知识应用能力的培养，大部分章节采用实训教学，通过大量的案例进行讲解说明。因编者学识水平所限，错误和疏漏在所难免，还望读者不吝指正。同时，编者想借此机会感谢支持本书编写的领导和同事，是你们的无私奉献才使得本书可以顺利出版。

本书受2023年陕西服装工程学院校级教材建设项目资助（陕服教发〔2023〕147号）。

蒲鹏举

陕西服装工程学院

目录
CONTENTS

第一章

初始游戏及游戏UI

【引入】

游戏设计的三个基本部分

游戏设计无法简化为一组分散的指令与步骤，即没有可以让人依循的公式来进行完美的游戏设计，使程序设计人员依此撰写程序代码。但是，人们可以从所有成功的游戏中，获得共通的原则并加以应用，省去了许多费时的工作。虽然有时，似乎有许多设计以外的因素会影响游戏的成功，但是设计一款成功的游戏，并非只是碰运气。在游戏设计中，可以分成3个不同的部分：核心机制、剧情故事和互动性。每个部分，都是一款游戏中既分隔又互补的要素，也都是组成游戏整体的一部分，图1-1所示为游戏设计的3个基本部分。

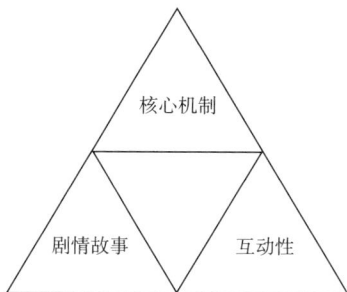

图1-1　游戏设计的3个基本部分

1.核心机制

游戏世界动作的规则构成了游戏的核心机制，或者说这是游戏进行的基础。核心机制是将设计师的愿景转译成一组可以由计算机解读的规则，或者这些规则可以由撰写计算机软件的程序员加以解读。定义核心机制，千万不要与计算机游戏中的技术搞混。虽然核心机制得力于游戏世界中建立的数学（或者资讯）模型，但核心机制是用于描述游戏运作方式的，而不是软件的运行。在非计算机化游戏中，核心机制会被直接称为规则，但是计算机游戏的规则，远比任何桌上或者纸牌游戏复杂。

2.剧情故事

每个游戏都有故事设定，其故事的复杂性与深度，依据游戏本身而定。最极端的状况是像冒险类游戏中，游戏本身就是一个故事。另外一种极端的状况，为玩家借游戏运作来说故事。

3.互动性

对游戏设计师而言，互动性是玩家在游戏世界中看、听与行动的方式。简单来说，就是玩家进行游戏的方式。互动性包含了许多不同的主题：图形、音效、使用界面，这一切组合起来，就构成了游戏体验。身为一名游戏设计师，你不需要亲自创造这一切，但是你必须规划互动性如何运作。

第一节 游戏的基本理论

游戏既是一种指向自身的意义形式，也是人存在于世的基本方式之一。自古以来，很多中西方学者都对游戏提出了不同的学说。从伊曼努尔·康德（Immanuel Kant）、席勒·斯宾塞（Schiller Spencer）认为的作为审美的游戏，到马歇尔·麦克卢汉（Marshall McLuhan）、威廉·史蒂芬森（Wiliam Stephenson）的游戏媒介观，再到数字时代的游戏控制论，游戏的意义经历了从无外在目的的追求自由，到作为人社会自我的延伸，再到可能产生负面异化效应的过程。这种意义的发展和转变背后，既有技术与文化的演进逻辑，也隐含着意识与存在的哲学命题。游戏的过程同时是意义的生成过程，其中包含了游戏者对自我意图的传达、对他人行为的反应和对整个情境的解释。一旦参与者进入同一游戏场域，无论是物质环境还是虚拟世界，他们都在游戏规则支配下使用同一套符码，共享同一个意义世界。

一、游戏文化与意义

游戏作为延至当今最为古老的人类活动之一，既是人类快乐愉悦的象征，也涉及艺术和美学等相关问题，甚至关乎人的存在与意义。席勒认为，没有游戏，我们将无法成为完整的人："理性出于先验的理由提出要求，在形式冲动和感性冲动之间应该有一个集合体，这就是游戏冲动，因为只有实在与形式的统一，偶然性与必然性的统一，受动与自由的统一，才会使人性的概念完满实现。"

（一）游戏研究的哲学思辨

古希腊时期，柏拉图在《法篇》中对游戏进行了专门的论述："以快乐为我们判断的唯一标准只有在下列情况下才是正确的，一种表演既不能给我们提供有用性，又不是真理，又不具有相同的性质。当然，它也一定不能给我们带来什么坏处，而仅仅是一种完全着眼于其伴随性的魅力而实施的活动，当它既无害又无益，不值得加以严肃考虑的时候，对它也使用'游戏'这个名字。"康德、席勒、弗洛伊德（Freud）、汉斯－格奥尔格·伽达默尔（Hans-Georg Gadamer）、约翰·赫伊津哈（Johan Huizinga）等人基于各自哲学立场对游戏进行了思考，形成了西方哲学史上的各种"游戏说"。

围绕人是游戏的主体还是游戏本身是主体，西方"游戏说"主要包含了两个方面。一是人是游戏的主体，游戏的意义在于它与日常劳作的"区隔"，体现的是人类对自由的追求和自我表现的欲望，如康德的"内在目的"自由论游戏观和席勒·斯宾塞的"精力剩余论"；二是游戏的意义不在于游戏者，而是游戏形式本身，人与游戏并非主体和对象的二元关系，认为"游戏本身在游戏，而非人在游戏"，如赫伊津哈"作为文化的游戏"和汉斯－格奥尔格·伽达默尔的"游戏主体"论。

与此同时，在这些哲学家的思考中，游戏与艺术似乎有着天然的联系。康德将美的艺术视作纯粹的精神游戏，席勒认为艺术是符号性的审美游戏，弗洛伊德把艺术当成社会性的精神游戏，伽达默尔指出艺术本质上就是游戏，艺术和游戏在人类的意义世界中有着不言而喻的共性。赵毅衡从符号学的角度总结称："艺术和游戏的内容是比喻性地借用实践经验，但是它们在符意上对现实不透明，在符用上没有实践用途。"游戏和艺术具有目的论上的无用性，即康德所言的"无外在目的"，是人类不需要认真从事的意义活动。另外，游戏和艺术的经验不透明性意味着它们不会被解释出实际意义。

1.游戏作为人的自我表现

康德最早将游戏与作为审美活动的艺术相联系，认为游戏和艺术一样，通过区别于一般性劳作来确立自身的意义。其中，艺术与游戏的共同特征在于其处于一种"自由的状态"，这也构成了康德的自由论游戏观，即游戏是与被迫劳动相对立的自由活动。

席勒继承和发展了康德的游戏理论，同样区分了游戏与以功利为目的的劳动，认为游戏和艺术都是精神自由状态的象征。在此基础上，席勒进一步将游戏分为了"自然的游戏"与"审美的游戏"，他认为后者冲破了物质的束缚，是完全的自由。

除康德和席勒外，以游戏中"人"为主体的游戏论者还有谷鲁斯（Groos）、弗洛伊德等人。谷鲁斯比较了人和动物的游戏，认为游戏是生物本能的驱动而非"剩余精力"，游戏也并非没有外在目的，是可以提供本领的练习。弗洛伊德则通过儿童游戏展开论述，认为游戏是一种虚拟活动，其中"快感体验"是游戏的重要动机，而艺术是人的社会性精神游戏。无论是康德的"自由论"游戏观，还是席勒的"精力剩余论"，或是弗洛伊德认为的游戏是人的虚拟活动，都将游戏中的人视为主体，游戏是以人为主体的符号活动。

2.游戏作为人的意义形式

赫伊津哈、伽达默尔、康德、席勒等人的游戏观也有共同点，其都认为游戏是自由的象征，具有目的论上的无用性，是精力剩余的产物。但不同的是，赫伊津哈和伽达默尔抛开了人的主观态度和精神状态，认为游戏指向的是自身，相比于游戏参与者的解释意义，游戏的文本意义更为重要。

近代西方艺术哲学关于游戏的思考更多地基于的是"游戏性"，指向的是超出日常生活的自由形式和玩耍，较少论及具有组织性的游戏。因而，艺术都可以被看作一种游戏，甚至社交、法律等也都具有了游戏的成分。例如，赫伊津哈认为一旦法官戴上了假发，披上法衣，便越出了"日常生活"，换了一种存在形式，这种仪式便具有游戏的成分。

（二）游戏研究的媒介互动观

游戏既然是个体多余能量的消耗，是否起到了一定的社会功能呢？从早期康德认为的"游戏是与被迫劳作相对立的自由活动"到赫伊津哈总结的游戏特征"自由、非功利性、隔离性以及秩序和规则"，从罗杰·卡约瓦（Roger Cailloos）认为游戏必须具备"自由、隔离、无产出、规则掌控、佯信"的特征，到近年来国内学者争论界定的"游戏是受规则制约，拥有不确定性结局，具有竞争性，虚而非伪的人类活动"的游戏概念，我们可以看出，游戏的规则性、互动性、竞争性愈加明显，游戏从最初的审美的、艺术的活动愈加成为有实践指向的社会性活动。

随着电子游戏的兴起和发展，电子游戏成为游戏研究的主要对象，它包括了游戏设计、程序、叙述、互动以及情感体验等方面，"游戏学"应运而生。冈萨洛·弗拉斯卡（Gonzalo Frasca）在1999年提出"游戏学"这一概念，旨在希望电子游戏研究能够成为独立学科，认为游戏基于"拟真"而非"再现"，也不应是"叙述"和"戏剧"的拓展。

因此，游戏既是虚拟的，也是真实的，既是想象的，也是在场的。电子游戏和传统游戏之间尽管存在形式上的差异，但不存在意义上的区隔。一旦参与者进入同一游戏场域，无论是物质环境还是虚拟世界，他们都在游戏规则支配下使用同一套符码，共享同一个意义世界。如麦克卢汉所言："游戏是一架机器，参加游戏的人要一致同意，愿意当一阵子傀儡时，这架机器才能运转。"

（三）数字时代的游戏批判

居伊·德波（Guy Debord）在《景观社会》（*La société du spectacle*）中认为我们的生活呈现为巨大的景观积聚，人们以图像为中介建立关系。在他看来，景观统治的实现恰恰是对劳动之外的闲暇时间的支配和控制，身在景观社会中的人出现了异化："他越是凝视，看到的就越少；他越是接受承认自己处于需求的主导图像中，就越是不能理解自己的存在和自己的欲望。"从康德等人最早的游戏理念来看，游戏是与劳作相对的休闲活动，是人精神自由的象征。但在数字时代，以电子游戏为主导的图像统治中，游戏的意义发生了变化，走向了对自身的反讽：以追求愉悦和自由为目的进入游戏世界，却被游戏世界的图像和程序控制和囚禁，构成为了"玩"而反被"玩"的数字景观。这种景观主要表现为两个方面：一是游戏程序和图像对人的控制，二是游戏参与者对游戏的主动沉迷，旨在逃离日常生活中的无意义。

数字时代的游戏文化愈加重视程序的设计和意义的阐释，使得游戏程序和框架的修辞作用愈加明显，从而产生了游戏研究中的"控制论"。游戏"控制论"强调游戏对人的反作用，尤其是对人的异化作用。如穆瑞（Murray）、克莱维耶（Klevjer）等人提出游戏的"控制美学"特征，认为游戏软件本身具有生命力，游戏能够反过来对玩家进行编码；伊恩·博格斯特（Ian Bogost）的"程序修辞"理论，认为游戏的程序同样包含着设计者的意识形态，引导游戏参与者思考，并对参与者的行动进行把控。因此，作为互动媒介的游戏会在参与者中产生一种新的被动模式，虽然参与者将游戏视作一种符号机器来主动融入，并且积极地与游戏中的意义世界进行互动，但他们同样受到机器或结构的重大影响。

中国学者宗争从游戏自身与游戏参与者的符号身份两个方面探讨游戏沉迷现象，认为游戏中充满了符号，玩者会选择适当的方式来凝聚符号取得"意义"，在具体的游戏中，玩者与玩者之间，随着游戏参与经验的丰富，通过大量的互动进行符号和意义交换，也会形成符合游戏所期待的符号"身份"。这意味着游戏的沉迷，一方面在于游戏本身的"可玩性"，游戏参与者沉浸其中，无法自拔；另一方面也包含着游戏参与者的主动沉迷，即将自己"符号化"，旨在游戏意义世界里寻求身份认同，抵抗现实生活中的无意义困境。

从康德、席勒作为审美的游戏，到麦克卢汉、斯蒂芬森的游戏媒介观，再到数字时代的游戏控制论，游戏的意义经历了从最初的快乐玩耍，到发挥社会功用，再到产生负面异化效应的过程。这种意义的发展和转变背后既有技术与文化的演进逻辑，也隐含着意识与存在的哲学符号学命题。赵毅衡认为："前期现代，盛行的是各种'解放哲学'，旨在把人类从各种不自由的束缚中解放出来的哲学。后期现代则是符号泛滥时代，人们虽然并不完全明白自己生活在符号的洪水中，也感觉到压迫的源头不明，哪怕他们弄清自己是符号的奴隶，牢房却是天鹅绒的，屈从也是享受型的，人们很难从自己选择使用的符号中解放自己。"

游戏最早作为使人愉悦的活动，将人们从工作的环境中解放出来，其意义产生于与日常劳作的"区隔"。在数字时代，电子游戏在为人们提供愉悦感的同时，也通过机器生产的各种符号使游戏参与者深陷其中，大量空洞的能指建构出虚拟的身份认同，反作用于人类活动。

二、游戏理论

有人说："游戏像爱情一样，无法描述。"爱情是什么？像雾像雨又像风，想解释却无法形容。游戏充满了神秘，有多种多样的游戏定义，以及多种多样的游戏理论，每种理论都解释了游戏本质的一部分，然而没有一种理论是可以完全解释游戏本质的。

（一）游戏的基本信息

自20世纪60年代以来，关于游戏的研究如雨后春笋般出现了，仅在20世纪70年代就有200篇以上关于游戏的学术性期刊文章及几十本有关游戏研究的书籍出版。《尔雅》曰："游，戏也。"；"戏，谑也。"；"谑，戏也。"《说文解字》中也分别解释了"游""戏"的原意。无独有偶，印度梵文中"KRIDATI"一词，即指风的拂动、水的流动，也指动物、儿童、成人的游戏，还指人的跳跃、舞蹈。这是将物的运动、动物的耍闹和人的游戏、体育活动、形体艺术联系起来了。"游戏"的字面意思即游乐嬉戏。目前，在给游戏定义时众说纷纭，虽然游戏是一个非常难以定义的概念，如《牛津英语辞典》中就共列出了116条关于游戏的不同定义，但是人们还是在尝试给它新的定义。

另外，有些人提出这样的一种观点，认为游戏是一种行为倾向，有内部动机，它发生在可描述、可再造的环境中，它是一种形式多样、可以观察的行为。这种行为倾向包括五个方面因素。

一是作为一种行为倾向的游戏，它是一种内在的动机行为。游戏不受外因的作用，即不是靠外部力量的推动，而是靠人内部动机的驱使，是人内在动机的行为表现。

二是游戏的兴趣在于过程，而不是目的。

三是游戏与探索不同，探索的对象是陌生的，探索的目的是想获得新的信息，探索是由外部因素引起的；游戏的对象是熟悉的，游戏是由本身的动机支配的。

四是游戏没有受到外界强有力的规则约束。

五是游戏要求游戏者积极主动参加。

（二）游戏本质的学说

1.早期游戏理论

早期的传统游戏理论是指第一次世界大战之前所倡导的游戏理论，由于这些理论在当时有着广泛和深远的影响，在理论界占据重要地位，所以也被称为经典的游戏理论。传统游戏理论产生于19世纪末至20世纪初，主要研究游戏产生的原因与结果。

精力过剩说这一理论的代表人物是德国诗人、美学家席勒和英国哲学家、社会学家斯宾塞。精力过剩说认为游戏是由人的机体内部剩余的力量需要发泄而产生的。其主要观点是生物都有维持自身生存的能力，高等动物在为了维持生存而耗费的精力之外，尚有剩余精力，游戏便成为一种消耗剩余精力的出路。松弛消遣说这一理论的倡导者是德国的拉察鲁斯（Lazarus）、裴茄克（Patrick）。他们的观点是游戏恢复人们在工作中消耗的精力（与精力过剩说相反）。预演说这一理论的倡导者是德国的格罗斯（Gross）。他的观点是游戏为未来成人生活做准备。

19世纪末期，科学家发现人类胚胎的发展经历了与人类进化过程同样的一些阶段。例如，人类胚胎具有与鱼鳃类似的生理结构。这个发现支持了个体的发展重现种族发展的理论——复演说。这一理论的倡导者——美国的霍尔（Hall），他认为正是游戏消除了人的原始本能。霍尔认为人类游戏发展分为五个阶段（从原始人到现代人）。第一，动物阶段，即指类人猿阶段。幼儿表现是本能的反应，如吸吮、哭泣、抓爬、站立。第二，未开化阶段，即指靠猎取动物为生的阶段。幼儿表现为玩追逐游戏，丢手绢游戏等。第三，游牧阶段，即指靠游牧为生的阶段。幼儿表现出爱同小动物进行游戏等。第四，农业耕种阶段，即表现为幼儿爱玩娃娃、挖地、挖河等游戏。第五，城市阶段，也称部落阶段。幼儿的表现为爱玩小组游戏，即由单个人玩发展为一群人一起玩。总之，他认为幼儿游戏是种族行为的复演。

关于游戏理论的成熟说（成熟理论、游戏欲望说）这一理论的倡导者为荷兰的博伊千介克（Boychik）。他们的观点是游戏是机体逐渐成熟的表现，并随着机体的成熟，游戏将出现不同的形式。游戏理论的生长说（生长理论）的倡导者是美国的阿普利登（Appleton）、奇尔摩（Chilmore）。他们的游戏观点是游戏促进机体生长。美国学者阿普利登提出，游戏是幼小儿童能力发展的一种模式，游戏是生长的结果，也是机体练习技能的一种生长性手段。另一位美国学者奇尔摩也认为，游戏源于练习生长的内驱力，儿童通过游戏而生长。这与"成熟说"相近。

🜚 小贴士

①早期游戏理论存在共同特征。

早期游戏理论主要关心的是人的本性中有哪些因素导致人的游戏以及游戏的功用问题，不关注游戏的个体差异和特点；都受到被称为当时的"时代精神"达尔文生物进化论的影响，都用生物发展的规律解释儿童的游戏，把儿童的游戏生物学化；主要以"工作"作为"游戏"的对立面，说明什么是游戏以及为什么游戏的原因；都是主观思辨的产物，缺乏科学的实验基础。

②早期游戏理论对现代游戏理论与研究的影响主要表现在7个方面。

第一，游戏使儿童改造现实，从而建立起关于世界的象征性表象；第二，儿童的游戏在因人的发展而呈现出不同的阶段；第三，现代游戏的基本特征之一是"假装"或不具有活动的"实义性"；第四，游戏有助于美感和创造性的发展；第五，儿时的游戏能够对成年期严肃的、有用的活动进行练习，从而使人掌握这些活动；第六，在儿童的发展中，游戏具有一种"宣泄"作用；第七，斯宾塞认为，游戏与神经系有关。

2.现代游戏理论

现代游戏理论主要产生于20世纪初，包括精神分析学派、20世纪中叶的认知发展学派、社会文化历史学派以及20世纪80年代兴起的觉醒理论和元交际理论，等等。现代游戏理论不仅仅解释游戏为什么而存在，而且尝试定义游戏在儿童发展中的角色，以及在某些情况下指出游戏行为的前导条件，主要揭示了幼儿游戏内容和游戏行为。

以奥地利心理学家弗洛伊德为代表的精神分析学派认为，一切生物都具有一些与生俱来的原始冲动和欲望。游戏能实现现实中不能实现的愿望；能控制现实中的创伤性事件发泄的游戏。例如，儿童在没有成人约束的情况下，通过压、滚黏土消除了紧张和不愉快的情绪，玩黏土的起源虽然是自己不愉快的体验，但在不断重复这种体验的同时，逐渐从游戏中得到了快乐。再比如，一些幼童看到了一名工人从6米的高处摔了下来受重伤，在进行现场急救后被救护车送走。最初，许多幼儿因这件事受到了惊吓，产生了心理上的困扰。于是，他们被安排进行了多次类似参与意外事件（如摔倒、受伤、救护等）急救的的戏剧性游戏。几周后，这类游戏进行的次数减少了，因为孩子们已经不再受这一事件困扰了。

> ### 🎮 小贴士
>
> 沙箱疗法，又称箱庭疗法。它的操作方法是在一个房间里，放置一个沙盘及各类沙具，沙盘要求内侧涂蓝色，因为蓝色可以对人的思维过程和行为产生心理以及生理方面的冲击，也可代表碧水和蓝天，沙盘的种类应尽可能丰富，以满足来访者的各种需求，治疗师会让来访者在这个房间里按照自己的意愿对这些沙具进行摆放，并同时对这一过程进行提问、记录。这一疗法被广泛应用于对儿童的心理治疗上。
>
> 沙箱疗法是人心理活动投射的体验，通过摆放沙箱内的沙具，塑造一个与他内在状态相对应的心理世界。此疗法的本质在于唤醒人的无意识及躯体感觉，碰触里面最本源的心理内容，能在培养人格、发展想象力和创造力等方面发挥积极的作用。

角色模仿的游戏理论是由心理学家萨立（Sully）于20世纪初提出该理论。该理论认为，儿童游戏的实质在于执行某个角色，获得某种新的地位感。在萨立看来，儿童最初对游戏产生的兴趣，明显地表露出儿童内心的幻想，那是一些十分诱人的内心幻想，它们深深埋于儿童心中，并成为游戏的动力源泉。儿童通过扮演现实生活中某个角色，以"实现"其愿望。萨立还提出游戏的结构包括：角色、游戏行为、游戏材料或玩具，以及游戏者之间的角色关系等。在角色与活动的关系上，萨立认为儿童自己扮演的角色，是连接其他方面的中心，一切其他方面都取决于角色及与之相联系的行动，游戏进行过程中儿童之间的关系，也取决于角色。

认知发展的游戏理论也被称为认知动力理论、游戏同化论，是瑞士心理学家让·皮亚杰（Jean Piaget）提出的，他是20世纪研究儿童认知能力阶段性发展的主要代表人物之一。在西方现代儿童游戏理论中，皮亚杰关于游戏的表述可谓独树一帜，他把游戏与认知发展联系起来考虑，将游戏纳入认知心理学范畴。可以说皮亚杰的游戏理论，与其认知发展理论有着密切的关系，是他认知发展理论的组成部分。皮亚杰认为，游戏不是一种独立意义的活动，而是认知水平的表现形式，因此促使儿童游戏的动力基础在于智慧的发展。在皮亚杰看来，游戏是儿童认识客体的主要方法，也是巩固已有概念和技能的方法，还是使思维和行动相协调、平衡配合的方法。皮亚杰认为，游戏有两个主要作用，一是愉快，即纯粹的乐趣；二是适应作用。

行为主义的游戏理论观，又称游戏学习论，代表人物是美国心理学家爱德华·李·桑代克（Edward Lee Thorndike）行为主义理论学者认为：儿童的游戏是一种学习行为，受社会文化和教育要求的影响，也受学习的效果律（若反应的效果满意则加强联系，若反应的效果不满意效果则削弱联系）和练习律（若即反应重复的次数愈多，联系愈牢固）的影响。该理论从游戏的功能着眼，认为与环境相互作用，持续进行信息加工是人类的正常需要。但外部刺激的数量要适当，如果刺激过少，会使内部想象增多，增加学习的努力代价；如果刺激过多，会增加努力的分散程度，也会减少与环境的有效联结。因此，刺激量的适当是很要紧的。游戏作为一种激励探索的手段，可以探寻和调节外部和内部刺激的数量，以产生一个最佳的平衡，从而获得更多的心理满足。

游戏的激活理论又称游戏的觉醒理论，其内驱力说认为驱力是有机体的需要状态，其功能在于激起行为。与生理需求相联系的驱力引发的行为，只是一种为了获得外部奖赏的手段性反应，因而是一种外部动机性行为；与生理需要无关的活动内驱力，则只是一种自身的奖赏，是为了满足自身活动的需要，因而是一种内在动机性行为。丹尼尔·伯莱因（Daniel Berlyne）的观点是游戏的作用在于增强刺激，降低激活水平。当刺激活动水平达到最佳，游戏就停止了，只有当刺激再次减弱，激活水平再次提高时，游戏才再次开始。外界刺激水平过强或过弱都将引起中枢神经系统处于最佳水平之上的激活度。艾伦·埃利斯（Alan Ellis）的观点是，在其看来，刺激存在，中枢神经系统的激活水平提高；刺激消失，激活水平便降低。游戏的功能就在于产生刺激，提高激活水平，使之趋向最佳水平。科琳娜·赫特（Corinne Hutt）的观点是，在赫特的模式中，环境刺激是不断地从过多向过少循环着的，有机体的行为是为了使激活水平避免一个极端与另一个极端相对的情况，并沿着这个途径暂时地经过中等水平，游戏就产生在这个中等水平上。加里·费恩（Gary Fein）的观点是，在游戏中，有机体本身也能引起一种新奇事件，从而引起不确定性并伴随着一种机体的紧张感。

游戏的元交际理论是由人类学家格雷戈里·贝特森（Gregory Bateson）提出的。"元交际"是一种抽象的交际，是对处于交际过程中的双方真正的交际意图或所传递信息的意义的辨识与理解。元交际是交际的交际，是一种抽象的或意义含蓄的交际。元交际能力是一种非常重要的社会性交往能力，它是一种就内隐的交际所传达的信息进行意义沟通的能力。元交际是人类言语交际的基础。元交际能力是理解讽刺、反话、幽默、笑话的基础。年幼的儿童往往缺乏这种能力，因而往往不能理解说话者的真实意图。贝特森（Bateson）发现，游戏中的交际是一种充满着隐含意义的元交际。元交际的顺利与否依赖交际双方对于隐含意义的敏感性，这种理解隐含意义的敏感性，又取决于交际双方熟悉了解的程度和知识背景的相当程度。从个体发生的角度来看，儿童的元交际能力是在成人的影响下，在与成人相互作用的社会性游戏过程中形成并发展起来的。

♟ 小贴士

1.游戏的元交际理论为追溯意识的演化提供了依据

在交际的进化过程中，先有元交际，后有语言交际，元交际是人类语言交际的基础，游戏是元交际的来源，因此意识就在游戏中产生。

2.游戏是通向人类文化和表征世界的途径和必需技能

首先，在一般的人际交往中，人们常常在某些特别的场合需要通过一个眼神、一个动作、一种特殊的表情向交际的对象表达某些不便直接表达的意思。其次，在特殊的文化交流中，元交际特征也比比皆是。最后，我们的语言表征系统更具有一个类似于元交际的结构特征。

三、游戏的定义

据英译者的序言所称，罗歇·卡伊瓦（Roger Caillois）的《游戏与人》（*Les Jeux et les Homme*）这部著作是在他1946年的一篇对赫伊津哈游戏理论进行批判的论文基础上经过十年的系统化与扩展而完成的。卡伊瓦在全书第一章《游戏的定义》开门见山，围绕赫伊津哈的游戏定义，不断加以批判性的反思论证，逐渐修正得到其关于游戏特性的认识。

在对赫伊津哈游戏定义的批判中，卡伊瓦虽然肯定了赫伊津哈的独创性，尤其是其对游戏文化意义的强调，但是他更是毫不讳言地指出，赫伊津哈对于游戏的定义"既过于宽泛又过于狭隘"。一方面，就所谓的"过于宽泛"的批评而言，卡伊瓦认为赫伊津哈的游戏理论与其说是游戏研究，其实更多地是一种关于游戏精神、游戏原则的泛文化研究，其中游戏本体，尤其是对于具体游戏的描述与分类在赫伊津哈的讨论中则是缺席的。另一方面，就"过于狭隘"的批评而言，卡伊瓦对赫伊津哈游戏定义中的"非功利性"表示质疑，他认为，作为机运游戏的一种，赌博虽然在文化价值上看似不及赫伊津哈所重视的竞争性游戏，但其非生产性则把它与工作、与艺术区分开来，因此赌博同样值得被纳入游戏的范畴中讨论。

在游戏的定义、游戏类型学之外，作为社会学家与左翼社会活动家的卡伊瓦在对游戏展开理论探讨时，主要针对游戏的社会义化进行分析。这一点虽然在后来的游戏理论界往往被忽视，然而不仅在书中，卡伊瓦对游戏的文化意义探讨占据了其所有研究的近半篇幅，而且正如其所坦言的，"游戏类型学是为建立一种基于游戏的社会学分析奠定基础。"因此他对游戏的定义与类型结构的划分思路归根结底是服务于他的社会文化反思的。

🎴 小贴士

罗歇·卡伊瓦的游戏研究集中在初版于1958年的《游戏与人》一书中，这本书分为上下两个部分。其中，第一部分是他游戏论述的基础与核心，主要内容是他对游戏定义、游戏分类与社会学的分析。第二部分是他在第一部分的理论框架基础上，结合世界各地大量的历史文献与民族志资料，从历史变迁、文明进步的视角讨论游戏与整体文化结构变迁的相互关系。书末还附了两篇论文，进一步阐释了"机运游戏"，尤其是对赌博的认识以及他的游戏理论整体研究思路等内容。

在游戏类型学中，卡伊瓦基于游戏的四种基本类型总结出了"竞技与机运""模拟与眩晕"两种主要的游戏复合形态。从这一游戏形态的归纳出发，卡伊瓦结合大量的民族志资料，进一步从历时性的角度对文明的类型与文化的演进展开了讨论。首先，卡伊瓦将这两种游戏复合形态归于神圣与世俗、"酒神"与"日神"等文化类型的对立。比如他以萨满教的宗教仪式为例，讨论这种"酒神式"原始文化与"模拟与眩晕"这种游戏形态的对应关系。而与此相对，他认为在中国传统琴棋书画的教养门类中，作为游戏形态的"棋"则培养和暗示了一种和谐理性的文化形态。在这种游戏形态与文明类型的对立中，卡伊瓦主要以面具为例，进一步说明了游戏变迁与文明祛魅的关系。他指出，面具在原始部落中往往和信仰仪式结合，然而随着理性力量的上升，面具的功能最终为世俗的装饰性所取代，而这样一种脉络则是与文明的整体变迁一致的。在此基础上，当由"模拟与眩晕"所主导的神圣世界被由"竞争与机运"主导的世俗世界所压制和取代后，"竞争与机运"的动态平衡就成为当代社会的主要文化特征。

第二节　游戏的分类

自马歇尔·麦克卢汉（Marshall McLuhan）提出"地球村"以来，传统时空距离骤然缩短，但在另一层面，虚拟空间却得到极大拓展，其中最显著和直观的便是游戏世界。从《创世纪》游戏粗糙的像素地图，到《刺客信条：起源》以假乱真的古埃及开放世界，游戏直逼另一重现实。然而游戏作为一种新型的娱乐方式正日益受到越来越多爱好者的关注，也随着现代高科技的发展，游戏的设计与开发平台越来越多元化，这种多元化的转化，也使游戏的类型划分更加明显。

一、动作游戏

（一）动作游戏的发展

动作游戏是一种广义上以"动作"作为游戏主要表现形式的游戏，即可算作动作游戏的游戏类型。动作游戏强调玩家的反应能力和手眼的配合，以游戏机为主、电脑为辅。动作游戏的剧情一般比较简单，主要是通过熟悉操作技巧就可以进行游戏，一般比较有刺激性，情节紧张，声光效果丰富，操作简单。动作游戏根据内容可分为射击游戏和格斗游戏两种；根据风格可分为写实动作游戏和非写实动作游戏，两者区别很大，因为写实动作游戏或多或少地含有一定的暴力，但非写实动作游戏就不一定会有。

按游戏方式区分，通常基本的动作游戏可分为平台动作游戏和卷轴动作游戏两大类。平台动作游戏主要需要玩家在一个个高度不同的地面或平台上进行跳动，从而攻击敌人。动作游戏可以说是所有游戏类型中最为单纯的，所有的游戏类型都是从动作游戏的变形演化而来的。在早期的游戏产业里，游戏平台只能支持低位的成像处理，因而平台不能做非常复杂的运算，所以动作游戏应运而生，如同我们小时候玩的游戏《小蜜蜂》，这类游戏不需要花费我们太多的心思与时间，即可让游戏顺利地进行下去。任天堂红白机上的游戏《超级马里奥》，如表1-1所示，它将动作游戏的水平带至顶峰，当时多少人为了通关《超级马里奥》，而不分昼夜，无时无刻地去玩它，更夸张的是竟然有人可以练到破除《超级马里奥》的所有关卡只花3分钟。

表1-1 《超级马里奥》系列游戏发展史

名称及时间	画风	备注
超级马里奥兄弟（1985）		1985年，《超级马里奥兄弟》游戏在任天堂娱乐系统上首次亮相。游戏的封面设计很简单，8位的像素风貌特征明显，色彩相对单一，却充满了经典和怀旧的感觉。马里奥身着标志性的红色帽子和工装裤，在蓝色背景前跃动，预示着即将展开的冒险
超级马里奥兄弟3（1988）		《超级马里奥兄弟3》带来了更精细的设计。在这款游戏的封面上，马里奥获得了更多细节，包括服装的阴影和更为动感的姿态。它是NES（Nintendo Entertainment System）时代封面艺术的巅峰之作

名称及时间	画风	备注
超级马里奥世界（1990）		《超级马里奥世界》为即将到来的16位游戏设备SNES（Super Nintendo Entertainment System）而生。画风采用了更加柔和的边角处理和饱和的颜色方案，整体效果更为现代和生动
超级马里奥64（1996）		《超级马里奥64》以其革命性的3D图形重新定义了马里奥的形象。画面上的马里奥不仅有了深度和体积的感觉，更有了从平面世界到立体世界的过渡
阳光马里奥（2002）		《阳光马里奥》与其前身《超级马里奥64》有着许多相似的元素，同时引入了各种新的游戏功能。玩家从德尔菲诺岛的中心世界开始，随着游戏的推进，通过可用的门户访问各个世界
超级马里奥银河（2007）		《超级马里奥银河》是一款Wii平台（第七代家用游戏机平台）的游戏，首次在2007年发布
超级马里奥银河2（2009）		这款游戏是《超级马里奥银河》的续作，同样是在Wii平台上发布。游戏中增加了新的关卡、能力和挑战，被许多玩家和评论家认为是史上最优秀的平台游戏之一
新超级马里奥兄弟Wii（2010）		此款游戏在《超级马里奥银河2》之前发布，也是为Wii平台设计的。它引入了多人同时游玩的模式，为传统2D平台游戏带来了新的乐趣
新超级马里奥兄弟U（2012）		这款游戏在Wii U平台发行，提供了高清图形和新的游戏级别。增加了一个名为"超级路易吉U"的扩展包，提供了一系列全新的关卡和以路易吉为主角的挑战
超级马里奥3D世界（2013）		这是另一款为Wii U平台开发的游戏，它结合了2D平台游戏的侧视图和3D平台游戏的自由探索元素
超级马里奥奥德赛（2017）		《超级马里奥奥德赛》是由任天堂企划制作本部、1-UP工作室共同开发的Nintendo Switch动作冒险游戏

（二）动作游戏的类型

动作游戏是一个很广泛的概念，它代表的游戏方式相当多，为了区分各种不同类型的动作游戏，将它细分出下列几类。

1. 2D 动作游戏

2D 动作游戏是以 2D 平面为表现方式来呈现游戏中的画面，是二维交互式动画，也就是我们通常所说的 "2D 动画"。传统的 2D 游戏中的美术资源（人物行走、人物状态、地图，等等）都是以 PNG 或 JPG 的图形文件渲染而成，2D 游戏没办法完成视角转换。在画面中，玩家必须躲过所有的障碍物并以攻打敌人为主要轴心，并且在游戏中寻求特定的目标来破除关卡。

2D 动作游戏可以追溯到电子游戏的早期阶段，它们经历了从简单到复杂，从单一到多样化的演变过程。起源于 20 世纪 70 年代末至 20 世纪 80 年代初的街机游戏，如《太空侵略者》《吃豆人》等，具有简单的图形和直接的控制方式，具备了动作游戏的基本元素，如移动、跳跃和攻击。20 世纪 80 年代中期至 20 世纪 90 年代初期，随着家用游戏机的普及，2D 动作游戏迎来了黄金时期，如《超级马里奥兄弟》《塞尔达传说》《魂斗罗》等，在玩法和故事叙述上都有了显著进步。随着技术的进步，20 世纪 90 年代中期，2D 动作游戏在图形和音效上实现了质的飞跃，如《街头霸王 Ⅱ》和《洛克人 X》不仅在视觉上更加精细，而且在玩法上也更加多样化和复杂。进入 21 世纪，尽管 3D 游戏开始占据主流，但 2D 动作游戏仍然保持着一定的市场份额，并在类型上进行了多元化发展。出现了更多注重故事叙述和角色发展的游戏，如《恶魔城 X：月下夜想曲》以及"银河战士"系列等。

近年来，随着复古游戏的流行和独立游戏开发的兴起，2D 动作游戏经历了一次复兴。许多新作品在保留经典元素的同时，引入了新的玩法和创新的设计，如《蔚蓝》《死亡细胞》等，也开始向其他媒体扩展，如动画、电影和漫画。形成了一种跨媒体的文化现象，成为了流行文化的一部分，不仅见证了电子游戏技术的进步，也反映了玩家口味和偏好的演变。

2. 3D 动作游戏

3D 动作游戏是从二维平面走向三维空间的革命性转变，与 2D 的动作游戏玩法大致相同，不同的是 3D 动作游戏的画面讲究的是 3D 立体真实感。20 世纪 90 年代初，随着 3D 图形技术的出现，游戏开发者开始尝试制作 3D 动作游戏。如《超级马里奥 64》和《塞尔达传说：时之笛》为后来的 3D 动作游戏奠定了基础。随着硬件性能的提升，20世纪90年代中期至末期，3D动作游戏在图形质量和物理模拟方面均取得了显著进步。如《古墓丽影》和《合金装备》展示了更加复杂的游戏环境和真实的角色动作。进入21世纪，3D动作游戏开始分化出多种子类型，如第三人称射击游戏、平台跳跃游戏和冒险解谜游戏等。如"侠盗猎车手"系列、"神秘海域"系列、"刺客信条"系列等。随着计算能力的进一步增强，3D动作游戏开始向开放世界方向发展，提供了更大的自由度和更丰富的游戏内容。如"荒野大镖客""上古卷轴"系列等，允许玩家在一个广阔的虚拟世界中自由探索。近年来，3D动作游戏越来越多地融入了在线多人和社交互动元素。如《堡垒之夜》《绝地求生》等，不仅提供了竞技性的多人游戏体验，还成了一种社交活动。随着虚拟现实技术的发展，3D动作游戏开始提供更加沉浸式的游戏体验，如《半衰期：爱莉克斯》《节奏光剑》等，将玩家带入一个全新的三维空间。

3.射击游戏

射击游戏，简称为STG，是游戏类型的一种，也是动作游戏的一种。射击游戏带有很明显的动作游戏特点，也没有纯然的射击游戏，因为射击必须要经过一种动作方式来呈现它的射击。所以不论是用枪械、飞机，只要是进行射击动作的游戏都可以称之为射击游戏。为了和一般动作游戏区分，只有强调利用射击途径才能完成目标的游戏才会被称为射击游戏，所以其带有很明显的动作游戏特点，玩家必须控制角色和物体，哪怕它们处于运动状态。通常在做射击类游戏项目时，设计师会考虑它到底是属于第一人称视角的射击游戏还是第三人称视角的射击游戏，如暴雪娱乐公司的第一人称射击类游戏《守望先锋》。设计此类游戏UI（User Interface，用户界面）时主要根据游戏的美术风格来具体确定UI风格走向。一般写实游戏UI会以扁平化设计风格为主，如网易游戏研发的射击求生手机游戏《荒野行动》。如果是卡通风格的射击游戏UI，其质感和色彩与写实射击游戏就有所不同，如大型多人在线射击手机游戏《全民射击》。

卷轴动作游戏是由玩家控制角色并组队去和不同的非玩家角色（Non-Player Character，NPC）进行打斗，从而过关。

4.格斗游戏

格斗游戏（Fighting Game，FTG）。此类游戏具有明显的动作游戏特征，而且很好分辨，玩家面对面站立且相互作战，使用格斗技巧来击败对手获取胜利。有些格斗游戏注重拳脚的比试，有些则注重兵器的比试，如日本卡普空公司的格斗单机游戏《街头霸王Ⅱ》。

（三）动作游戏的架构

动作游戏的架构是所有游戏中最为简单的一种，由一个循环组成，在游戏还未结束之前，它会一直环绕着循环的原则执行。而在循环中，游戏必须处理各种事件因子，这些事件因子是用来处理游戏中所发生的每一件事情，如玩家所操控的飞机、飞机的子弹发射、敌机的飞行控制，等等，其过程原则不外乎下列三项。

1.游戏的开始

游戏要如何开始？玩家在游戏开始时必须要经过哪些程序？如以飞机的射击游戏来说，玩家必须先选择自己所喜爱的机型、武器，甚至关卡，等等，让玩家清楚地了解到开始游戏时所操作的角色能力或装备。

2.游戏中的处理

游戏中的处理是动作游戏的精华所在。为了让动作游戏更好玩，游戏设计者必须在游戏中，将所有可能发生的事件设计出一系列的玩法机制。如飞机打下敌机之后，敌机会掉落宝物可供飞机提升攻击能力或防御能力，等等，这些吸引人的机制就必须在设计中加入。

3.游戏的结束

动作游戏的目的是完成（达到某种目标）游戏或玩家操控角色死亡导致游戏结束。在玩家玩到某种程度的时候，就必须让玩家做结束游戏的行为。特别注意的是，游戏不要拖泥带水，因为动作游戏的玩法比较单纯，玩家往往只会在游戏中寻求它的刺激感，而不是要观看最后的结局。如果游戏一直不断地出现100关、200关，甚至更多，相信没有一个玩家受得了这种"折磨"，就真成了"歹戏拖棚"。其实拿角色扮演游戏（Role-Playing Game，RPG）与动作游戏来比较，动作游戏就显得单纯许多，而故事剧情也比角色扮演游戏还要短。所以为了让动作游戏更加好玩，就必须在玩家玩的过程中下很多功夫。一般而言，动作游戏的流程速度是非常快且刺激的，而角色扮演游戏主要的成分是在讲述故事，所以它的流程速度可能没有动作游戏来的快，不过角色扮演游戏的内容却远远多于动作游戏。两种游戏类别有着不同的优点，那么何不将这两种游戏的类型合二为一呢？在游戏世界里，是可以将这两种游戏机制优点合二为一的，从而形成动作角色扮演游戏。

二、冒险游戏

如果说冒险游戏（Adventure Game，AVG）是动作游戏，不如说是一种动作角色扮演游戏。其实在很多游戏类型当中，它们都有许多共同点，唯一不同的是它们只有一些特殊玩法机制不太相同而已。针对冒险游戏来说，它有角色扮演游戏类型的人物特色，却没有角色扮演游戏类型的人物升级系统。简单地说，在冒险游戏中非常强调人物与故事剧情的进行，可是人物本身的等级强弱却不会是游戏中强调的重点。

（一）冒险游戏的发展

冒险游戏的内容含有相当多的解谜与冒险成分，主角的属性通常也是固定的，而游戏本身最主要的目的是要让玩家在游戏中不断地思考，来获得解决问题的方法。如卡普空公司所发行的"生化危机"系列游戏与方兴东公司所发行的"古墓丽影"系列游戏，虽然它们的故事内容不尽相同，却都有一个共同点，即以解谜为游戏的主轴。从现在游戏的发展中，不难发现冒险游戏通常以充满悬念且紧张的故事为游戏轴心，如主角可能会来到一个充满机关的城镇或建筑物中，在这些地方则藏着一些不可告人的秘密或重要的宝藏，玩家必须突破各种机关或关卡，来实现游戏中的目的，这些思考与紧凑的剧情让玩家乐在其中、怡然自得。

（二）冒险游戏的特点

1.强调人物的刻画

冒险游戏强调的是角色在故事里的存在性，也就是各个角色的背景设定需要非常明确地让玩家了解，并且所有在故事剧情里出现的人物都必须有它们存在的合理性与意义。

2.合理的故事剧情

冒险游戏非常重视剧情的发展，这也是吸引玩家想继续玩下去的最有利原因。合理设置悬念的剧情让玩家能够很容易地融入游戏当中，使其会想不断地玩下去。

3.丰富的机关结构

冒险游戏最主要的结构是由各式各样的机关来构成，情节丰富而且合理，再加上不会太难破解的机关，让玩家都能够在游戏中取得乐趣。而游戏中的机关通常是游戏进行的主要干道，所有的故事剧情都可能在机关出现的前后时段发生，所以机关便成了冒险游戏不可或缺的重要元素。

4.冒险游戏的架构

冒险游戏是动作角色扮演游戏类型的变形，具有动作角色扮演游戏类型所没有的特性，缺少了角色扮演游戏的角色升级系统，但多了解冒险的成分，让玩家除了可以玩到角色扮演的机制外，又可以享受另一种不一样游戏的感受。冒险游戏架构其实大致上与角色扮演游戏类型的架构相似，只是冒险游戏还必须加上大量的合理机关与剧情发展，让玩家就好像在看一场电影、一本小说一样。如果配合复杂一点的设计，它还可在游戏中加入分支剧情，以提升冒险游戏内容的丰富性。以美式风格为主的冒险游戏在刚进入我国台湾游戏市场的时候，有许多玩家很难接受它的游戏玩法，但从近几年冒险游戏受欢迎的程度来看，它多姿多彩的内容与美式电影风格的效果，确实让冒险游戏成功地融入玩家的心。总之，在冒险游戏的交互过程中，玩家可以通过探险、收藏、解密等方式深入游戏剧情的发展。在冒险游戏设计中，强调神秘感、紧张感和剧情感，只有在必要时才会出现游戏UI，如《生化危机》《古墓丽影》等。

三、模拟游戏

模拟游戏是一种广泛的游戏类型，多为电子游戏。游戏中复制各种"现实"生活的各种场景，达到"训练"玩家的目的，如提高熟练度、分析情况或预测等。仿真程度不同的模拟游戏有不同的功能，较高的仿真度可以用于专业知识的训练；较低的仿真度可以作为娱乐手段。一般按主题可将模拟游戏分为模拟经营、模拟养成、普通模拟、模拟沙盘等，按游戏方式可将模拟游戏分为角色扮演模拟游戏、策略模拟游戏、动作模拟游戏等，如《模拟人生》《模拟城市》。

（一）模拟游戏的发展

模拟游戏的由来应该是最初用在模拟飞行机器的操作系统。当时一台飞行机器的造价都非常高，而对于一个不太熟悉飞行机器操作的驾驶员来说，贸然地让他驾驶一台飞行机器是既危险又有可能损失一名飞行员与一台飞行机器的，所以科学家就开始研发可以模拟飞行机器各种物理现象与突发状况的飞行练习器以供飞行员练习。对于直接驾驶飞行机器来说，驾驶飞行练习器是可以减少许多不必要的麻烦的，这就是模拟游戏的最初原始构想。演变至今，模拟游戏开始从飞行的机器，慢慢地衍生到其他的硬件机器上，如汽车、坦克等。直到现在还能看到模拟云霄飞车、火车及未来机器人的仿真系统。

（二）模拟游戏的特点

模拟游戏最大的特点就是模拟机器的真实感与操作时的刺激感，而模拟游戏着重于机器的物理原则与大自然不变的定律，让玩家可以在游戏的虚拟环境中得到如真实存在般的感受。现今模拟游戏更朝向人类的虚拟生活目标设计，如虚拟现实，它可以模拟出人类生活的周围环境，如建筑物、花园等。在建筑物还未建造之前，可以利用虚拟现实技术，先造出一系列的建筑物环境，以供使用者去观赏。模拟游戏的最大特色就是可以让使用者或玩家在没有接触真实硬件机器设备之前，很容易地感受到这些机器设备所带来的乐趣。

（三）模拟游戏的架构模拟

游戏的架构较重视物体的大自然物理反应，如一颗铅球由半空中落下，不会像羽毛那样；移动，如车子的移动必须符合自然规律，如果违反物理原则的话，那么会使玩家感到无所适从、毫无临场真实感，所以在制作模拟游戏时，必须包含许多大自然物理的规律，如风阻力、摩擦力等。表现越真实，模拟游戏越能吸引玩家。模拟游戏具有科学的表现，因为游戏的内容有着许多的数学及物理运算。以现今模拟游戏来看，其拥有一些固定玩家的市场。

四、策略游戏

策略游戏是相对比较狭窄的游戏类型，主要是让玩家自由控制和管理游戏中的人或事物，开动脑筋想办法对抗敌人，如策略射击游戏《大箭师鲍比》。

策略游戏的架构以现今的游戏来说可分为两大类，单人剧情类和多人联机类。

1.单人剧情类

单人剧情类策略游戏以单人单机为主，其目的是让玩家操作自己的战棋来破解单关的故事剧情，玩家可以进行丰富的故事剧情互动，也可以随着自己的思路来布置攻守计算机的战棋，以完成单关的任务。

2.多人联机类

多人联机类策略游戏以多人多机的方式来进行游戏，其目的是让游戏中的玩家可以邀请朋友在游戏中进行一场"角逐"。在没有联机的情况下，玩家也可以与计算机进行对战。随着网络的蓬勃发展，联机游戏也如雨后春笋般的发展。以策略联机游戏来说，几乎占掉大部分的网络游戏市场，策略联机游戏成为近几年来最为热门的游戏玩法。

五、角色扮演游戏

角色扮演游戏比较宽泛。角色扮演游戏有非常完整和丰富的世界观，主要强调剧情发展和个人成长体验，在游戏中，玩家可扮演一个或多个角色，如《最终幻想》等游戏。

（一）角色扮演游戏的发展

最初的角色扮演游戏是在纸上进行的，而纸上角色扮演的最早起源于纸上战略游戏。事实上，欧美地区有许多人热衷于玩纸上战略游戏。所谓纸上战略游戏，其玩法是参与游戏的坑家在纸上画出一个特定的地图，而在地图上利用各种抽象的纸片、符号或者是一般的小塑料块实现各自的战术与战略。

纸上角色扮演游戏（Table talk-Role Playing Game，TRPG）是由纸上战略游戏演变而来的，玩这类游戏时，需要几个玩家配合，而在这几个玩家中必须选择一个主持人和准备一些纸片道具，在游戏进行前，玩家需要以掷骰子来决定前进的步数，再由主持人来讲述此游戏的故事内容，让玩家知道自己遇上什么样的事件。在游戏中，主持人就是游戏的灵魂，也是这个游戏的创作者与故事讲述者，同时是规则的解释人。所有的玩家等于担任主持人故事中的一个特定角色，而这个故事的精彩与否则直接取决于主持人的能力。以投掷骰子的方式，体验不可预知的结果和玩家的行动，这就是角色扮演游戏的雏形。

（二）角色扮演游戏的架构

以角色扮演游戏的架构来说，它是由许多游戏玩法机制综合而成的。单纯以一个简单的场景来看，当我们所操作的人物在路上行走时，可能会遇上敌人的攻击、捡拾到装备宝物或者是触发一些特定的事件等，这些都不外乎下面几项基本原则。

1.人物的描写

角色扮演游戏最主要的是强调人物的特性描写与背景故事表现，以达到角色扮演的目的。简单地说，角色扮演游戏就是要让玩家能够感觉到游戏中的人物就好像是自己在扮演一样。

2.宝物的收集

角色扮演游戏的另一项较为有利的原则，就是宝物的收集。不管是装备或者是宝物，如同"太空战士"系列游戏中的"召唤兽"机制，这些都足以紧紧吸引玩家的目光。

3.剧情的事件

角色扮演游戏的主要轴心是它所呈现的故事剧情内容。这种故事剧情能将角色扮演的成分提升至最高，并且强调角色在故事里存在的必要。

4.华丽的画面

为了提高角色扮演游戏的品质，华丽的战斗画面是不可忽略的重点之一，因为它可增加对玩家黏性，如"太空战士"系列，其3D真实战斗画面深深地吸引着玩家，让玩家们不知不觉地成为此游戏忠实的爱好者。

5.职业的特色

这是角色扮演游戏类型较为成功的游戏机制，所有的人物都有自己独特的个性，再加上本身所属的职业，让角色的特性更为突显，如勇士、魔法师、僧侣，等等。每一种角色又可以与其他角色的能力做互补，这项原则更加强了角色扮演游戏的品质。

六、动作角色扮演游戏

动作角色扮演游戏（Action Role Playing Games，ARPG），诞生的时间较角色扮演游戏与动作游戏还要晚。它将动作游戏紧凑的玩法与角色扮演游戏剧情的流程作为主轴，让玩家可以感受动作游戏所带来的刺激感与角色扮演游戏的乐趣，又让游戏产业掀起一股风潮。动作角色扮演游戏比较宽泛，玩家可扮演一个或多个角色，在虚拟世界中展开剧情，拥有非常完整和丰富的世界观，强调剧情发展和个人成长体验，如《最终幻想》《仙剑奇侠传4》等。

（一）动作角色扮演游戏的发展

以动作角色扮演游戏来说，最早带起这股风潮的应该是计算机端的"暗黑破坏神"系列与电视游戏主机端的"塞尔达传说"系列。它们打败了当时单纯的角色扮演游戏故事剧情叙述与单纯的动作游戏；它以角色扮演游戏故事为轴心，再以动作游戏的表现方式，让玩家可以在游戏中看到整个角色扮演的故事情节的发展与直觉式的打斗方式。在未来的几年里，动作角色扮演游戏的表现方式，有可能会占掉所有游戏产业的一大半市场。

（二）动作角色扮演游戏的技术

以动作角色扮演游戏的技术来看，是所有游戏类别中最为专业的。在设计一套动作角色扮演游戏时，设计者必须考虑得非常细致，而程序设计者又必须将动作游戏与角色扮演游戏这两种游戏机制合并成另一种游戏玩法。简单地说，如同在做两套游戏一样，一种是动作游戏的角色控制，另一种是故事剧情的流程安排。而设计所要花费的精力与时间是相当多的。如做一套动作角色扮演游戏的话，必须精确地估算开发的时程、流程的控制、人力与金钱等，不然很容易失败。

1.故事剧情架构

动作角色扮演的故事剧情其实与角色扮演游戏是相同的，必须编写出一系列引导故事中人物的背景交待。

2.人物特色表现

同前面所讲的一样，人物特色表现与角色扮演游戏设计的方式是相同的。

3.场景对象配置

场景与对象的配置手法比单纯的角色扮演游戏更细致，因为在场景中，不只玩家所操控的主角在移动，还包含怪物、非玩家角色人物的移动等。如果分配不好，势必会发生玩家根本打不到怪物或拿不到宝物的奇怪现象。

4.物体动作设计

动作角色扮演游戏主要的操作模式是玩家操作游戏中的主角去做任何一件在游戏世界中可以做的事，如打敌人或拿宝物等行为，游戏设计者必须去编列所有物体的动作行为，才能让游戏更为生动。

（三）动作角色扮演游戏的架构

其实动作角色扮演游戏的主要架构很简单，就是将动作游戏与角色扮演游戏的架构合并成一种。由角色扮演游戏的故事剧情包含着动作游戏的人物行为，而人物行为又包含着杀敌人、取宝物等基本事件，如此便可让角色扮演动作游戏同时拥有角色扮演游戏剧情与动作打斗成分。从《暗黑破坏神》发售以后，它改变了游戏产业的视觉热潮。随后有许多模仿《暗黑破坏神》的游戏玩法出现。近几年来，动作角色扮演游戏仿佛已经席卷了整个游戏市场，特别是它又加入了网络联机的机制，让玩家不仅可以在单机平台上玩，而且能够邀请朋友在游戏中畅游。越来越多玩家接受它的游戏机制，也有越来越多游戏厂商投入设计动作角色扮演游戏的行列。而动作角色扮演游戏的刺激感与故事剧情的发展所带来的娱乐性远远超过单纯的动作游戏或角色扮演游戏。

七、休闲游戏

休闲游戏，即以满足游戏者娱乐身心、休闲娱乐的游戏活动。是一种不需要耗费玩家大量时间或者重度脑力，易于上手的一种相对简单的娱乐电子游戏，不限定题材和类型，主要是以手机为载体。相对于其他游戏而言，休闲游戏更具有娱乐化、市场化、人性化的特征。

休闲游戏按照当前移动互联网和手机的发展情况，主要分为单机版和网络版。所谓单机版手机休闲游戏，顾名思义即手机用户使用手机中已下载的，无须连接网络的，可以娱乐身心、缓解压力的需要的游戏。部分单机版休闲游戏，是通过手机连网或者使用数据线连接计算机客户端，借助手机连网或者计算机客户端下载，但是可以脱离网络运转的游戏，此类游戏仅需要服务器支撑就可以完成运转。单机版手机游戏的代表作品有《愤怒的小鸟》《割绳子》《植物大战僵尸》《小鳄鱼爱洗澡》等。

网络版手机休闲游戏，指需要手机与网络连接，以手机下载的手机游戏客户端为载体，借助各类网络信号，实现手机用户具有个体性的单一化操作或由多人共同参与操作，并达成交流、休闲、娱乐、取得虚拟成就等目标的电子游戏。相对于单机版的手机休闲游戏，网络版手机休闲游戏更具有可持续性、互动交流性、多人合作性等特征，如《我叫 MT Online》《一代宗师》《开心消消乐》等。按照游戏内容进行分类，手机休闲游戏的分类将更具有针对性。这也是当前各个手机系统应用商城所使用的分类方式。

1.益智类手机休闲游戏

益智类手机休闲游戏最为显著的特征是手机玩家必须受到手机游戏对玩家游戏时间长短的限制，具体表现为，一定时间内角色所具有的有限的生命次数。只要生命在，玩家就可以继续游戏，否则只能重新开始或者暂时停止，如《汤姆猫》《水果忍者》等。

2.跑酷类手机休闲游戏

跑酷即 Parkour，是时下风靡全球的时尚极限运动，以日常生活的环境（多为城市）为运动场所，依靠自身的体能，快速、有效、可靠地驾驭任何已知与未知环境的运动艺术。跑酷类手机休闲游戏是以跑酷运动为基础，加入各种剧情和场景的游戏。对跑酷的场景设定要求极强，可以激发手机游戏玩家的探险精神，并在游戏过程中培养玩手机游戏玩家应对障碍和挑战的勇气和信念，如《神庙逃亡》《地铁酷跑》等。

3.角色扮演手机休闲游戏

角色扮演手机休闲游戏需要玩家预先选择自己所需要扮演的角色，游戏代入感极强，在手机游戏玩家玩游戏时，需通过第一人称视角进行游戏，如《我叫 MT Online》《大富翁 4 Fun》《龙战三国》等。

4.策略类手机休闲游戏

策略类游戏主要锻炼手机玩家的战略布局能力，要求玩家具有极高的游戏智商，此类游戏对手机游戏玩家的挑战性和吸引力极大，如《水管工》《植物大战僵尸》《小鳄鱼洗澡》等。

5.体育竞技类手机休闲游戏

体育竞技类手机休闲游戏主要以体育竞技作为游戏内容、主要考察手机游戏用户的操作灵敏性、反应快捷性等，如 Virtua Tennis（VR 网球）、*FIFA* 13、*8 Ball Pool* 等。

6.其他类手机休闲游戏

此类游戏的分类没有具体化的标准，如文字类游戏、音乐类游戏、竞速类游戏、棋牌类游戏等。随着手机游戏的繁荣，很多游戏没有严格的分类，更加的综合，往往同一个游戏是好几个类别游戏的融合。

八、益智游戏

益智游戏（Puzzle Game，PUZ）着重于玩家的思考与逻辑判断，运用玩家的思路来完成游戏中的目的。通常玩益智游戏的玩家必须要有恒心与耐心来思索着游戏中的所有问题，再依据自己的判断来执行，目的是闯过各项不同的关卡。益智游戏不会让玩家有拼命按键盘的动作，而所要走的步骤都必须经过自己冷静的思考，在一定的时间内做出正确的判断。

（一）益智游戏的发展

以最早期的益智游戏而言，黑白棋与五子棋类型应该是益智游戏最原始的玩法。益智游戏的发展，应该是从早期的纸上游戏所衍生出来的，从小时候玩的《俄罗斯方块》游戏来看，它是由各种不同形状的纸片所构成的游戏，目的是将各种不同形状拼凑在一个方框内，而在多种排列组合之下，玩家必须按照自己的思路来完成拼凑。到了益智游戏的中后期时，它开始以博弈为主要的市场，将原来只有在桌面上才能进行的博弈游戏，搬至电子游戏中。发展至今，更多如赛马、赛船或赛车等益智游戏出现。

（二）益智游戏的特点

益智游戏的特点比较简单，在游戏中它不需要以快节奏的方式呈现，反而比较吸引慢条斯理的玩家，最主要的目的是能让玩家运用自己的思考逻辑来做不同的判断。

（三）益智游戏的架构

益智游戏的机制大多来自纸上游戏，在规划益智游戏时就必须先去分析了解纸上游戏的玩法规则，并且将它加以变化。简单地说，取纸上游戏的主要架构，再加上自己所创造的游戏玩法或机制，就可以创作出比原先纸上游戏有更多变化的益智游戏。其架构可以归纳为以下几点要素。

1.游戏的规则与玩法

在制作益智游戏之前，必须先去了解游戏的全盘规则以及它的各种玩法。

2.游戏的衍生与变化

将原来的纸上游戏转变为另外一种形态来表现，如《俄罗斯方块》游戏一样，原来只有将固定的图形拼凑在特定的方框内一种玩法，现在也可以将它转变成由上往下且不固定图形的游戏拼凑方式。

3.独创性的游戏机制

益智游戏的变化成分原本就不多，因此必须加入游戏的独创性，让益智游戏的内容更加丰富有趣。

九、其他游戏

（一）音乐节奏游戏

音乐节奏游戏是电子游戏的一个细分种类，以音乐、歌曲为核心内容，核心玩法是让玩家跟随音乐节奏输入相应指令来完成整首歌曲，其特色就是考验玩家对节奏的把握。此类游戏起源于20世纪90年代，距今已有30多年的发展历程，直到2005年才开始受到国内的关注，而国内的自主研发则是从2012年才开始的，如《劲舞团》《节奏大师》等。

（二）竞速游戏

长久以来，电子竞技游戏的大家族里面一直都活跃着这样的一分子，在他们华丽的外表下隐藏的是难以抑制的能量和动力。自任天堂公司推出家用游戏机后，竞速游戏就成了这个舞台上最出类拔萃的一个，随着主机和电脑性能的不断提升，虚拟与现实之间的差距不断被缩短，在现实里做不到的事情，可以在游戏里面轻而易举地做到。如驰骋在各大电子竞技赛场上的"飞车手"不一定在现实生活中也如此开车，但在那个虚拟的舞台上，没有人能够超越他们的速度。竞速游戏一般都会被并入体育（赛车和赛跑）游戏、载具模拟（驾驶载具比赛）游戏和动作游戏三个类别，其代表有《极品飞车：卧底》《暴力摩托》等。

（三）体育游戏

体育游戏（Sports Games）又称运动游戏，是一种让玩家模拟参与专业体育运动项目的电视游戏或电脑游戏，内容多数以广为人知的体育赛事为蓝本。如篮球、网球、高尔夫球、足球、拳击、赛车等，有《职业高尔夫球赛3》《怒火橄榄球：混乱版》等代表。

（四）桌面游戏

所谓桌面游戏（Table Game），顾名思义就是在桌面上进行游戏的方式，因其对设备要求低，也被众多爱好者称为环保游戏。桌面游戏在欧美地区已经流行了几十年，给众多玩家带来了无穷乐趣。大家以游戏会友、交友，非常强调游戏的真实感、娱乐感和策略感。根据桌面游戏所创作的网络游戏有，如《欢乐四川麻将》《大富翁Online》等。

（五）卡牌游戏

卡牌游戏又被称为纸牌游戏，属于桌面游戏的一种。主要是指玩家通过卡片战斗模式来操纵角色的游戏，其特色是严谨的对战规则和丰富的卡牌数量。关于卡牌游戏的起源有多种说法，比较被中外学者所普遍接受的观点就是现代卡牌游戏起源于我国唐代一种名叫"叶子戏"的游戏纸牌。近年来，移动端设备的大力普及，手游的魅力逐渐开始崭露头角。卡牌手游的出现，凭借其方便快捷、操作简单、自动高效的特点迅速占领手机游戏的市场，其特有的，模仿角色扮演游戏的风格也立刻受到广大玩家的追捧。不论是上班族还是学生族，只要打开手机，就可以体验角色扮演游戏的感觉，不再依赖于复杂的设备，使每个玩家能够直接体验到移动端带来的妙处，如《三国杀》《炉石传说》等。

> **小贴士**
>
> ①根据玩家数量，游戏可分为单人游戏、多人游戏、大型多人在线游戏三个类别。
> ②根据内容，游戏可分为战争游戏、恐怖游戏、悬疑游戏等。
> ③根据平台，游戏可分为街机游戏、主机游戏、计算机游戏、掌机游戏或移动平台游戏。
> ④根据地区，游戏可分为欧美风游戏、日韩风游戏、中国风游戏三大类。

第三节　游戏的发展

随着社会的发展，游戏的色彩越来越丰富、真实度也越来越高。以早期的游戏来说，它的玩法技巧较为简单，通常玩家不需要花费太多的心思与时间就能通关，而游戏模式也较为单一。这对于发展中的玩家需求来说，其内容也逐渐不能满足所有玩家们的需要。由于游戏平台的快速发展，游戏主机可以支持的处理速度也越来越快，而最直接影响到的就是游戏功能的发展。以前只能玩着非常单一而且变化性不大的游戏内容，到现在玩家需要花费相当多的心思与时间来玩游戏。绚烂华丽的画面与复杂曲折的剧情，已经成为现代电子游戏不得不呈现的内容。

一、电子游戏的萌芽期

1947 年，汤玛斯·T.沟史密斯（Thomas T. Goldsmith）与艾斯托·雷·曼（Estle Ray Mann）在美国申请注册专利，即《阴极射线管娱乐装置》（Cathode Ray Tube Amusement Derice，CRTAD），该设计用八颗真空管（电子管）来模拟飞弹对目标发射，此游戏装置没有对外销售。1958 年，曾参与开发了世界上第一颗原子弹的美国物理学家威廉·希金博坦（William Higinbotham）博士，创建了一款名叫《双人网球》（Tennis for Two）的游戏，实现了让公众在示波器上打网球的突破，它用来在纽约布鲁克海文国家实验室供访客娱乐，是世界第一款电子游戏。1960 年 PDP-1 上市。PDP-1 是迪吉多公司推出的第一台商用小型计算机，拥有 4096 个 18 位字节内存，开创性地配备了显示屏和键盘。1962 年麻省理工学院的学生们在 PDP-1 上开发出了世界上第一款视频游戏《太空大战》，玩家可以互相用各种武器击毁对方的太空船，但要避免碰撞星球。《太空大战》燃起了电子游戏的第一团火，然而由于游戏平台的限制，加上计算机成本高昂而且还没有普及，这团火焰也只在拥有先进计算机的高校实验室和科研机构的围墙内燃烧。

二、街机时代

1971 年，麻省理工学院的诺兰·布什内尔（Nolan Bushnell）设计了一款名为《电脑空间》（Computer Space）的游戏，成为了第一款上市销售的视频游戏。从此，电子游戏开始慢慢的走进了人们的娱乐生活之中。1972 年，诺兰·布什内尔和他的朋友泰德·达布尼（Ted Dabney）注册创立了自己的公司，这个公司就是电子游戏的始祖雅达利（Atari）。同年，世界上第一台家用游戏主机 Magnavox Odyssey 发布，并可接入电视使用，第一台主机搭载游戏《乒乓球》（Pong）被放置在一家酒吧里并大获成功，玩的人络绎不绝，结果因为投币过多而使主机停止工作。《乒乓球》（Pong）的成功证明了电子游戏可以用来获取经济效益，而以此也证明了电子游戏产业诞生的可能。雅达利随后开创了辉煌的街机产业，创造了一个不朽的传奇，还是第一个获得成功的家用游戏机制造厂商，该公司生产的雅达利 VCS（即雅达利 2600）确定了家用主机包括一个主机、分离的控制器、可更换游戏卡带的基本框架，带来了家用游戏机产业的革命。消费者们发现可以在家中玩到那些喜爱的街机游戏后，雅达利VCS热卖，直到进入20世纪80年代，该主机已经成为历史上销量最好的家用游戏机之一。1978年，日本游戏发行商太东（Taito）推出一款名为《大蜜蜂》（Space Invaders）的游戏。1979年，《小蜜蜂》（Galaxian）发布，成为一代人的记忆。同年，动视暴雪公司成立。四名前雅达利员工创建了全球第一家独立游戏开发公司动视暴雪。1980年日本游戏开发商南梦宫的游戏制作人岩谷彻在街机平台开发了名为《吃豆人》（Pac-man）的街机游戏，美国Midway公司取得了北美地区的代理权。《吃豆人》上市的前15个月里销量达到10万，创下了10亿美元的营收佳绩，成为了街机游戏的经典和传奇。同年，《大蜜蜂》登陆雅达利2600游戏机，并在其生命周期中创下了5亿美元营收的佳绩。1982年，雅达利公司推出《吃豆人》雅达利2600版。由于移植效果很不完美，本作在发售后便广受批评，实际销量远小于预期值，即使是购买了本游戏的玩家对游戏也颇有微词。在这之后任天堂开始涉足视频游戏行业，并开发《大金刚》这款游戏后，街机时代逐渐落寞。

三、家用机时代

20世纪80年代至20世纪90年代初，电子游戏产业内群雄并起，由街机时代步入家用游戏机时代，任天堂公司逐渐统治了家用游戏机的市场，同一时期，SQUARE、ENIX、CAPCOM等游戏公司崭露头角，一大批经典游戏诞生。当时计算机的游戏性能还远不及家用游戏机，但计算机游戏也开始悄悄萌芽。

任天堂公司前身是一家名为任天堂骨牌的花札和扑克牌工厂，最初创立的目的是生产骨牌。1980年任天堂公司推出手提便携式装置游戏机Game & Watch，同年在纽约设立子公司。1981年，任天堂公司推出街机游戏《大金刚》，游戏发布后取得巨大的成功，卖出6万5千件，成为该年最受欢迎的游戏。1983年，曾经的电玩巨人雅达利对当时的第三方游戏开发商开发于雅达利自家游戏主机"Atari 2600"上的游戏管理不严，导致市场上出现了许多"垃圾"游戏产品，使消费者对游戏以及游戏主机失去了信心，不愿再购买其游戏与游戏主机，从而使得当时的美国游戏产业遭受到了一场毁灭性的灾难，被称为"雅达利冲击"。这意味着起步于街机游戏，开创了家用游戏机先河的雅达利公司，在引导大众从街机时代步入家用游戏机时代的路途中开始走下坡路了。同年，任天堂家用游戏机红白机（Family Computer，FC）横空出世，这是首次尝试于卡带式的电视游戏平台，开启了新时代家用电子游戏的篇章，奠定了任天堂家用游戏机统治地位，由此推出的如《超级马里奥兄弟》《勇者斗恶龙》《最终幻想》《塞尔达传说》《魂斗罗》《坦克大战》《冒险岛》《双截龙》《街头霸王》《忍者龙剑传》《热血》等游戏，无不是一代人心中的经典。

1984 年，俄罗斯阿莱克谢·帕基诺夫（Alexey Pajitnov）开发了日后成为全球最流行游戏的《俄罗斯方块》。1987 年，卡普空（CAPCOM）公司推出初代《街头霸王》的街机版，该游戏在日本推出时反响并不强烈，当时绝大多数玩家的视线都集中在红白游戏机上，属于为数不多的格斗游戏，自然无法吸引玩家的眼球。1988 年，亨克·罗杰斯（Henk Rogers）买下了《俄罗斯方块》的专利，并将其带到了日本，任天堂公司购买并发行了这款游戏。同年，世嘉（SEGA）公司推出游戏机世嘉 Mega Drive，简称 MD，其在性能上完全超越任天堂红白游戏机。

1989 年世嘉公司推出的《索尼克》游戏风靡世界。同年，计算机端游戏悄悄萌芽，只是并未取得太大的成效。任天堂公司发布便携式游戏机 Game Boy，简称 GB，被誉为电子游戏史上最"长寿"的主机，累计销量超过 1 亿台。1990 年，世嘉公司推出便携式游戏机 Game Gear，简称 GG，性能与 Mega Drive 不相上下，但由于其价格太高，耗电量太大，销量未能超越 Game Boy。1990 年年底，任天堂公司推出 16 位机 Super Famicom，简称 SFC。1991 年，卡普空公司推出《街头霸王 II》，最初销售情况并不理想，许多玩家将之视为类似《快打旋风》和《双截龙》那样的对抗游戏。任天堂公司主动与卡普空公司商洽移植事宜，并发表了《街头霸王 II》的上市计划。1992 年，Super Famicom 版《街头霸王 II》如期上市，在日本本土达到了累计 288 万份的惊人销量，全球总销量突破 630 万份，这是格斗类游戏不可逾越的里程碑。

四、3D 游戏时代的开启

任天堂公司一直"统治"着家用游戏机市场，直到 1994 年索尼公司 Play

Station，简称PS的发布，彻底开启了3D游戏时代的篇章。同时，计算机显示性能的快速提升，带动了计算机游戏产业迅猛发展。

1993年，世嘉公司推出第一款3D格斗游戏《VR战士》。同年，《毁灭战士》在计算机平台推出。1994年，暴雪公司开发并发行计算机平台的即时战略游戏《魔兽争霸：人类与兽人》。贝塞斯达软件公司（Bethesda Softworks）开发角色扮演游戏"上古卷轴"系列。同年，世嘉公司推出了首款32位游戏机SEGA Saturn。索尼发布第一代游戏机Play Station。1996年，任天堂公司推出支持3D游戏的64位游戏机先驱Nintendo 64。各家用游戏主机厂商为了争夺市场，相继推出各自的游戏主机，一批经典游戏也就此诞生。而世嘉公司错误地估计2D画面游戏仍然为主流，所以在3D游戏的支持上不及索尼的Play Station。在和索尼Play Station的较量中，由于SEGA Saturn主机硬体使用双中央处理器架构，导致游戏开发成本高，在与Play Station的竞争中失利，且因过分依赖本社作品逐渐失去第三方软件商的支持，随着第三方纷纷加入索尼，到1996年，世嘉公司在日本和美国市场全线落败。1997年年底，中文第一款角色扮演游戏《仙剑奇侠传》正式宣布登陆SEGA Saturn平台。1998年11月4日SEGA Saturn宣布退出历史舞台。

众所周知，任天堂公司的游戏机采用的是可拔插游戏卡带，而索尼公司在与任天堂公司合作研发家用游戏机Super Famicom时，就有了SFC搭载只读光盘CD-ROM（Compact Dise Read-Only Memory）的技术构想。后来，索尼公司与游戏厂商南梦宫合作开发了采用CD-ROM技术的32位元主机Play Station，并于1994年12月3日正式发售。索尼公司通过争取第三方游戏制造商的战略，加上成功的商业运转，使Play Station最终在游戏软件数上以绝对的优势占领了游戏市场。任天堂公司的64位元主机革命性地使用了CGI3D动画技术（Computer-Generated Imagery）的3D芯片，因其画面效果远超Play Station，同时采用了游戏卡带，所以吸引了大批游戏用户，而且与索尼公司、世嘉公司形成错位竞争。

1996年，初代《古墓丽影》游戏除了在PlayStation端发布外，也登录了计算机端。同年，暴雪公司推出动作角色扮演游戏《CS反恐精英》，首创动作角色扮演游戏的游戏模式，成为后来大型多人在线角色扮演游戏（Massively Multiplayer Online Role-Playing Game，MMORPG）和动作角色扮演游戏网页游戏的雏形。1998年，世嘉公司推出第一款支持在线游戏的游戏机Dreamcast，其性能优良，但适配的游戏数量过少。同年，《HALF-LIFE》游戏推出，在开创第一人称射击类游戏（First-person shooting game，FPS）的新规范同时，还开启了游戏模组热潮，即游戏的一种修改或增强程序。1998年11月21日，《塞尔达传说：时之笛》游戏上线后销量可观，与《元气皮卡丘》等游戏的连携，使得任天堂公司推出的游戏机N64在1998年年底掀起热潮。在32位元主机的游戏载体竞争中，世嘉公司逐渐退出市场，任天堂公司被边缘化，而索尼公司凭借其Play Station产品在游戏产业大放异彩。

五、游戏市场格局的稳定

20世纪90年代游戏产业呈现百花齐放之势。微软公司凭借Xbox游戏机成功打入主机游戏市场。随着计算机端游戏性能的日益强大，许多游戏厂商的研发方向开始转向多平台研发。至此，计算机端游戏的地位和Play Station以及Xbox相差无几。

2000年，Play Station第2代游戏机上市，是家用型128位游戏主机。2001年，任天堂公司发布第2代3D游戏机NGC（Nintendo GameCube），将DVD光碟作为游戏载体。NGC的机能强于Play Station第2代游戏机，但其游戏阵容太薄弱。微软公司发布的Xbox，集成了计算机端技术，内建8GB容量的硬盘、DVD光驱、以太网端口。从性能指标上来看，Xbox和Play Station第2代以及NGC形成了三足鼎立的局面。随后，微软公司推出了帮助全球玩家互动的Xbox在线平台，催生了一批经典的Xbox游戏。

2002年，Steam系统与《CS反恐精英》游戏的1.4版本一起问世，是一次游戏和软件的数字化发行尝试。2003年，《魔兽争霸》游戏面世。2004年，《孤岛惊魂》游戏问世。《孤岛惊魂》游戏的贴图、水质、光影效果都比此前游戏的效果有所提高。时至今日，计算机端游戏已然成为了高画质的代表。

随后，索尼公司推出了Play Station第4代游戏机及其衍生机型，微软公司推出Xbox One游戏机，任天堂公司推出了Swith游戏机，而计算机端的性能越来越强悍，计算机端游戏成为了高帧率、高画质的代名词。现在，游戏公司数不胜数，每年都有游戏产品发布，大多游戏公司都乐于制作全平台游戏，为各方玩家带来游戏乐趣。值得一提的是，随着智能手机的发展，移动端游戏也呈现出蓬勃发展之势。

第四节　游戏的开发流程

人类设计进行游戏已经几千年了，关于最古老的游戏是什么始终争论不休，游戏设计与人类的历史一样古老，而且明显与我们的假想能力有关。也就是说，在人造的世界中创造与游戏，是所有游戏的核心。有些游戏，如围棋以及国际象棋，几百年来其规则都没有大的更动。其他市场上的游戏虽短时间内受到欢迎，但热度转瞬即逝。人们总是对新游戏感兴趣，所以对新游戏设计会有持续的需求。

游戏设计是一个过程，需定义游戏运作的方式，描述创造游戏的要素，将各项资讯传达给制作游戏的团队。一款游戏必须要有一套游戏系统及机制，在设计一款游戏时，应该思考如何规划它的基本架构与整个游戏制作的流程，从而可以控制游戏开发的进度。所有游戏都是架构并发生在一个背景或世界中的。像足球架构在具有明确边界的球场上，棋盘游戏架构在棋盘之上一样，计算机游戏需被架构在某一特定背景之中。

一、游戏设计计划阶段

首先，创意管理。第一步是召开会议，在会议中最常见的方法就是"头脑风暴法"。每个人都必须拿出自己的建议和想法，之后大家一起进行讨论。其实我们发现，不论是以前还是现在的游戏，只要有非常出色的剧情并且能融入现代电影的制作手法，这套游戏就能大放异彩。其实当我们开始制作一套游戏时，应先确立游戏的主题、游戏的过程与发展、故事的讲述方式、设置游戏的主人翁、游戏的描述角度、游戏的情感与悬念、游戏的节奏、游戏的风格，等等。从近几年流行的游戏来看，许多游戏都会将电影拍摄手法运用到游戏中，使得游戏的品质与节奏感犹如电影一般，以优化玩家的体验。

其次，游戏设计阶段。此阶段最主要的基本原理就是游戏与玩家之间的互动程度，即游戏的趣味性。例如，一套游戏的进行流程非常紧凑，让玩家一直保持紧张的心情，而有身历其境临场感，游戏也就成功了一半。

最后，游戏制作阶段。为了让玩家身心可以完全融入游戏中，必须在游戏中营造出各式各样的气氛，即游戏气氛的表现。这些气氛的感染效果，可以利用玩家的三种感觉方式来表达，分别为"视觉""听觉"及"触觉"，这些感觉的表达方式足以影响玩家对于游戏的整体感观。当我们将各项游戏信息传递给玩家们了解后，接着来说明游戏的重心，即游戏剧情的表现。从现今市场上游戏的评价来看，可以将它分成两派，一派是无剧情的刺激性游戏，另一派是有剧情的感观性游戏。

无剧情的刺激性游戏着重于游戏带给玩家的临场刺激感，如《战栗时空》的主要目的是让玩家自行去创造故事的发展。在游戏中，它只告诉玩家主角所在的时空与背景，而游戏的流程运作则是要玩家自己去探索，玩家所扮演的角色协同伙伴角色攻打另一支队伍，由此创造出另一个"故事"。有剧情的感观性游戏着重于游戏带给玩家剧情的触觉感，主要目的是让玩家随着游戏剧情来运行，让玩家了解到所有的背景、时空、人物、事情等要素，而玩家必须按照游戏剧情的排列顺序来发展，如同一般的角色扮演游戏。玩家会扮演故事中的一名主角，而游戏中的剧情发展都是环绕着这名主角所发生的，所以有剧情的游戏是让"故事"来引导玩家。

1.撰写草案

草案也叫意向书。撰写草案的目的在于，使得小组内每个成员对即将开发的项目有一个大体的认识，并且目标明确。

2.市场分析

市场分析最重要的是确定目标客户。即该游戏是面向核心玩家，还是大众玩家。如果是面向核心玩家所开发的游戏，则需要游戏的难度更大一些；反之，如果是面向大众玩家开发的游戏，则需要游戏的难度更小一些。最好的方法是允许玩家自定义游戏的难度。

3.成本估算

以网游为例，成本估算包括以下几个方面。

①服务器：运行网络游戏所需花费的硬件成本，是成本中的大头。

②客服：属于人力成本的范畴。网络游戏不同于单机游戏的部分在于，其不同于单机游戏"售后不理"的销售模式。用户在玩这个游戏之后，运营商需要不断提供更新和各种在线服务。

③社区关系专员：同客服，属于人力成本的范畴。同其他方面的花销相比，社区关系专员这方面几乎可以忽略不计。

④开发团队：属人力成本，这方面的花费生要是在核心成员和制作人的薪资上。

⑤管理：管理方面花费的成本较少。

⑥用户账号管理：属发行成本的一部分，但也属于运营的范畴，其成本几乎可以忽略不计。

⑦办公室、电脑、家具：这方面的成本占比较大，不过在一次性花费之后，开发下部游戏时基本上就不需要或者很少花费此方面的成本了。

⑧带宽：是发行成本的一部分，也属于运营的范畴。此类成本是极高的，当然各个地区的成本可能都不一样。

⑨网管：是发行成本的一部分，同样属于运营成本的范畴。

⑩其他杂项：指杂七杂八的一些费用，包括水电费、燃气费，还会包括买咖啡和茶叶的钱。

⑪宣传、推广费：属于运营成本。

⑫客户端：指制作游戏客户端、点卡、充值卡、印制游戏说明书、游戏包装、游戏赠品一类物料的成本。

4.需求分析

（1）美工需求

对于玩家们来说，其最直接接触的是游戏中的画面，在玩家尚未真正操作游戏时，可能会先被游戏中的绚丽画面所吸引，而动心去玩这款游戏，因此优秀的美术人员是非常重要的。撰写美工需求分析书，内容包括需求图、工作量等。其工作量需要以天来计，内容具体如下。

①场景：包括游戏地图、小场景等。在2D的游戏中，美术人员必须一张张地刻划出游戏所需要的场景图案。在3D游戏中，美术人员必须绘制出场景中所有要使用到的场景对象，以提供地图编辑人员使用。

②人物：包括玩家角色、重要非玩家角色（如玩家队友、提供任务的非玩家角色、主线剧情非玩家角色等）、次要非玩家角色（如路人、村民等）、怪物等。通常玩家最直接接触游戏的部分就是他们所操作的人物与故事中的其他角色，因此在游戏中必须刻画出故事的正派与反派角色。而且最好每一个设计的人物都拥有自己的个性与特征。如此一来，游戏才能淋漓尽致地突显人物的特色，也让玩家在操作主角人物时，更能身临其境地享受游戏。不管是2D还是3D的游戏，美术人员必须根据策

划人员所规划的设置，设计与绘制游戏中所有需要的登场人物。

③动画：动画方面，每个公司的需求都不尽相同，美术人员会根据策划书的需求制作出声光十足的动画。

④道具：主要考虑是否采取纸娃娃系统（即在电脑游戏等领域广泛应用的角色外观自定义系统），并注意它在游戏中的合理性。另外，在设计道具的时候，也要想到道具的完整性，如在游戏中，玩家需要将一根蜡烛点亮，那么他就需要一个可以点火的工具。所以道具的设计也就成为游戏设计者必须认真思考的因素。既可以让玩家完全遵从游戏设计的方向来进行游戏，也可以让玩家自行去发现道具设计的奥妙。

⑤全身像：人物的全身像设计。

⑥静画和计算机动画（Computer Graphics，CG）：游戏中可能出现的静画和计算机动画的需求。若没有则不需要写。

⑦人物头像：人物的头像制作需求包括人物的表情，如喜、怒、哀、乐、悲等。

⑧界面：界面包括主界面、各项子界面、屏幕界面、开头界面、结束界面、保存和载入界面等。除了场景与人物外，还有一种经常在游戏中看见的画面，那就是使用者接口。这种接口是让玩家可以与游戏引擎做直接沟通的界面。美术人员要将亲合性与方便性作为设计使用者接口的原则。

⑨动态物件：包括游戏中可能出现的火把、光影等。

⑩卷轴：又称为滚动条。根据游戏的情况来确定具体的需求。

⑪招式图：根据游戏开发的具体情况决定是否有此需求。

⑫编辑器图素：各种编辑器的图素需求，如关卡编辑器、地图编辑器等。

⑬粒子特效：如3D粒子特效的需求。

⑭宣传画：包括游戏的宣传画、海报等。

⑮游戏包装：游戏客户端的封面包装的制作。

⑯说明书插图：游戏说明书内附插图的制作。

⑰盘片图鉴：游戏客户端盘片上的图鉴的制作。

⑱官方网站：游戏官方网站的制作。

（2）程序需求

程序是用来升华游戏灵魂的一种技术性工具。在策划人员的策划书中，必须利用程序加以组合成型，必须了解策划人员的构想计划，根据他们的想法与理念，将设计转化成一种成像的画面或功能。程序设计人员也要具备拆解策划书的能力，将分解出来的游戏功能分配给其他人去编写。而且在其他人将程序编写完毕之后，再将它们整合为一，以达到策划人员所要求的画面或功能。程序设计人员所要做的工作可以将它分成编写游戏功能、游戏引擎制作、合并程序代码、程序代码除错。

撰写程序需求分析书具体内容如下。

①地图编辑器：包括编辑器的功能、各种数据等。

②粒子编辑器：关于粒子编辑器的需求。

③内镶小游戏：包括游戏内部各种小游戏。

④功能函数：包括游戏中可能会出现的各种程序功能、技术参数、数据、碰撞检测、AI等。

系统需求：包括升级系统、道具系统、招式系统等。

5.策划

"策划"是游戏中的灵魂，是其他三个角色的核心领导，并控制了整个游戏的规划、流程与系统。策划人员必须编写出一系列的策划书供其他游戏参与人员阅读。策划书是由策划人员将脑海中的想法以文字方式具体落实，目的是让其他人员能够了解策划人员对这套游戏理念与意图的设想。通常，策划人员要做的工作可以归为几点，包括游戏规划、架构设计、流程控制、脚本制作、人物设置、剧情导入、场景分配。

（1）策划分工

策划分工包括剧本、数值、界面、执行等方面。每个游戏都有段故事，故事的复杂性与深度，依据游戏而定。没有故事，或者缺乏让玩家自己塑造故事的方式，游戏就无法让玩家感兴趣。对于游戏来说，戏剧张力经常来自玩家尚未克服的挑战。无论玩家是创造自己的故事，还是阅读观看预先写好的叙述，都是让玩家继续进行游戏的主要诱因。许多游戏尝试仅提供背景故事，让玩家自行创造其余细节。游戏中的叙述，通常必须是直线式的，不受玩家动作的影响，也不会在每次进行游戏时改变。许多设计师将这一点视为限制，限制了玩家的自由。

（2）进度控制

要时刻注意时间和开发进度的控制，需要写一个专门的项目进度表。

（3）项目例会

项目会以里程碑的形式呈现，当完成一个里程碑后，或者到达固定日期时，需要召开例行会议，除彼此交流外，还需讨论开发中遇到的困难，进度是否有拖延等问题。

二、游戏设计组织阶段

1.确定日程

（1）Demo版本阶段

①前期策划：包括前期策划和项目的规划。

②关卡设计：指关卡设计阶段。

③前期美工：指前期的美工制作。

④后期美工：指后期的美工制作。

⑤程序实现：指程序的实现，包括编码等。

（2）Alpha版本阶段

内部测试：主要是测试和完善各项功能，看一看是否有重大缺陷。

（3）Beta版本阶段

外部测试：进一步测试和完善各项功能，并预备游戏的发行。

（4）Release版本阶段

游戏发行：项目完成阶段，开始正式发行游戏。

（5）Gold Release版本阶段

开发补丁：开发游戏的补丁包、升级版本，以及各种官方插件等。

2.确定人员

确定各个项目所需的人员。包括策划、程序、美工、测试、音乐、运营等人员。

3.分配任务

分配各个人员的具体的开发任务。

4.撰写策划书

正式撰写游戏策划书。

三、游戏设计开发阶段

对于游戏策划来说，此阶段应主要做到同各方面保持顺畅的沟通，并处理各种游戏制作中的突发事件，如与同事的沟通、同主管的沟通、同领导和老板的沟通等。

四、游戏设计控制阶段

1.项目进度控制

（1）前期成本控制

前期成本控制中需要注意到开发成本的控制，包括服务器、客服、场租、人工（如社区关系专员、开发团队、管理）、设备（如办公室、电脑、家具等）、带宽、网管、宣传、广告和推广的费用等方面。

（2）市场变化

①发行档期：需要注意发行档期，通常来说要赶在暑假和寒假之前发行。

②盗版因素：必须时刻注意盗版、私服等因素对游戏发行的影响。

③外部测试：进一步测试和完善各项功能，并预备游戏的发行。

（3）Release版本阶段

游戏发行：项目完成阶段，开始正式发行游戏。

（4）Gold Release版本阶段

开发补丁：开发游戏的补丁包、升级版本，以及各种官方插件等。

（5）确定人员：确定各个项目所需的人员。包括策划、程序、美工、测试、音乐、运营等方面。

（6）分配任务：分配各个人员的具体开发任务。

（7）撰写策划书：正式撰写游戏策划书。

2.品质

由于开发人员的水平参差不齐，所以必须根据制作人员的总体水平，决定作品的品质。既不能要求太高，亦不能要求太低，需要折中考虑。

3.突发事件

如管理者的突击检查、项目投资人的突然撤资等，这些都必须全盘考虑。

4.控制成本

包括时间、品质等方面的成本控制。

第五节　UI在游戏开发中的作用

目前，国内涌现出大量高水准的UI设计师，在国际上的影响逐步扩大，如代表优艾网（ChinaUI）在国际GUI奥林匹克大赛上囊括最佳图标金奖和全场图标金奖的张伟（Rokcy）、设计微软第二代移动设备操作系统界面朱印（Robin）等。但是从整体来看，国内的UI设计从业人员水平还不高，大多数从业人员缺乏界面设计的专业知识，对UI设计的认识还停留在美术范畴。对于目前庞大的网络游戏市场，网络游戏UI的设计与安全问题将逐步提升。如由暴雪公司制作，第九城市计算机技术咨询（上海）有限公司代理的网络游戏《魔兽世界》，就有由暴雪公司官方提供的用户接口用以游戏UI的开发。在运营后，已经产生很多具有特定功能，或者综合功能的游戏UI。2006年4月5日，在暴雪公司官方网站亦发布新闻，认可并提供两款魔兽世界插件下载。然而，在2005年底和2006年初，起因是这两款插件被人恶意修改而导致的成千上万用户被盗号以及虚拟物品损失的事件。

一、游戏UI设计概述

游戏UI即游戏图形用户界面，与之相关的所有工作统称为游戏美术。在游戏中，游戏UI会根据不同游戏的特性，在游戏的主界面、弹窗界面、操控界面上展现不同的相关信息，最后根据合理的设计，引导用户进行简单的人机交互操作。

一款优秀的游戏产品不仅需要界面美观的整体设计，还需要将游戏交互的合理性、玩家的体验感把握得恰如其分。合理的游戏UI设计就是在人机交互的操作方式中营造出操作简单并具有引导功能的美观的人机环境。

游戏UI设计的工作方向可根据工作内容划分为图标UI设计和辅助UI设计等。游戏UI设计师的具体工作内容可以从以下五个方面去阐述。

第一，负责与策划进行有效沟通，参与前期游戏的交互设计、UI和图标原型设计的讨论；第二，负责与程序设计师讨论游戏 UI 在实践项目中的功能实现与原型还原；第三，负责整个游戏研发项目的界面、图标、游戏推广图、游戏 Banner（横幅广告）等美术资源设计工作；第四，负责确认游戏效果图和游戏 UI 切图是否符合程序的需要，游戏功能和交互功能是否满足策划与用户的需要；第五，后期日常的游戏 UI 设计更新。

二、游戏 UI 设计基本原则

游戏 UI 设计基本原则有游戏界面的布局合理并有明显的视觉顺序，以及游戏界面的视觉风格统一。

1.游戏界面的布局合理并有明显的视觉顺序

在界面框架图绘制阶段，游戏 UI 设计师要对界面的内容进行归类并合理布局。设计师在布局功能性按钮和图标时，一定要符合用户的行为习惯，把重要的按钮放在玩家能够轻松看到的地方。游戏中图标和文字的辨识度要高，引导性要强，要有明显的逻辑和视觉顺序，让用户进入一个界面之后能快速知晓接下来要干什么。

2.游戏界面的视觉风格统一

游戏 UI 设计中，从造型到色彩搭配再到质感表现上，都应该保持协调、统一。颜色反差不要太大，必须保持一致的视觉风格。好的色彩搭配会锦上添花，给玩家带来较好的视觉体验。

三、游戏 UI 设计特点

1.保证操作界面的一致性

用户在操作手游时首先接触的便是内容，通过确保视觉统一，提高用户对游戏规则的理解速度，也提升了用户功能操作的准确性。所以完成 UI 设计需要对界面主色调加以确定，运用等同色彩基调设计，确保视觉一致性，不至于导致用户产生混乱感。

2.保证交互行为的一致性

在游戏设计中，设计师通过构建用户交互模型，需要确保不同类型的交互行为达到一致性。如对于用户的确认操作，设计"确认""取消"这两个对话框。并且设计功能同样需要严格参照该点，如设计本文的纸牌游戏界面时，需要设置"不出""出牌"这两个交互按钮，并在胜负界面设置"×""继续游戏""返回大厅"交互按钮。

3.确保操作的一致性

操作需要触发相应的功能，以确保游戏规则的多样性及趣味性。最后，需要及时设置界面反馈，保证玩家的游戏操作能够达到一定目的，并反馈给玩家所处的具体状态，如登录成功之后显示"您已成功登陆""成功获得金币""您已脱管"等。

四、UI界面设计对游戏的作用及设计原则

1.UI界面是网络游戏实现人机交互的关键载体

任何一款网络游戏都离不开在UI界面上进行操作，所以UI界面是玩家与游戏系统进行交流互动的关键载体。就网络游戏的特征而言，呈现形式以图片以及文字等视觉方面的元素为主，玩家只能通过UI界面接收游戏系统的反馈，所以对于玩家来说，接触最多的就是与游戏界面的反馈互动，因此UI界面在网络游戏中起到的重要作用是实现了玩家与游戏系统的人机交互，并使玩家获得游戏带来的乐趣。

2.UI界面能够体现网络游戏的文化变化过程

在设计UI界面时，应先确定游戏的目标用户群体，然后了解用户群体的主要诉求，依据诉求进行界面设计，设计完成后围绕用户需求进行细节调试，直至游戏成型。所以设计师在UI界面设计过程中必须实时搜集目标用户群体的视觉关注点及行为变化趋势，作为界面设计的真实素材。因此在相对固定的文化背景中，UI界面状态的确定实际上是由玩家玩游戏的习性决定的，玩家习性的变化甚至会进一步影响人机交互模式。但是，对于UI界面设计文化而言，每次状态改变都会表达出与以往不同的新内涵，且符号也会被赋予新的意义。总之，UI界面体现的是一款网络游戏的文化变化过程。

3.UI界面的视觉设计是主要面向人体视觉系统的一种表现方法

视觉设计的目的在于向用户传达游戏信息，因此视觉设计必须涵盖需要传达的

信息量，至于视觉效果则因人而异，不同的人看同一界面会产生不同的视觉效果，所以视觉效果强调匹配程度。这就会涉及视觉传达设计的概念，它属于视觉设计范畴中的一种，与视觉设计既存在共同点也存在差异点，视觉传达设计的主要受众是被传达的对象，设计者在设计过程中往往只考虑实现视觉传达的目的，会在一定程度上忽视自身视觉需求。但是在运用视觉传大技术将设计成品传递给用户时，用户获得的视觉效果则会受到多方面因素的影响。第一就是受设计者呈现形式及内容的影响，第二是屏幕分辨率以及网速等硬件设施的限制。因此需要玩家综合各种影响因素，以设计出吸引玩家的游戏界面成品。

4.UI界面设计简洁大方

视觉的主要器官是眼睛，眼球的生理结构决定了视觉的有效感知范围是比较小的。因此，在有限时间内所能获知的视觉信息是极少的，在进行界面设计时，需要将此硬性条件考虑在内。这与网络游戏UI界面设计原理是存在一定冲突的，因为出于盈利的目的，游戏开发方倾向于向用户展示所有的游戏内容，以便于用户从中获取感兴趣的内容，并下载体验游戏。但是，该设计显然是不可行的，因为过于丰富的游戏界面会让玩家无从下手，产生拒绝心理，整个游戏屏幕也会挤满杂乱的图形、文字，极大压缩了玩家操作的范围，会加速玩家的视觉疲劳。过于复杂的界面会导致玩家无法分辨内容主体，不能专心投入游戏。所以，网络游戏UI界面设计必须简洁大方，将玩家的视觉感受考虑在内，依据人类的生理视觉系统原理以及记忆规律等硬性标准进行设计。

5.UI界面的视觉设计兼顾设计美感

UI界面的视觉效果会对人的感官产生一系列影响，如当眼睛看到暖色调时，人的感官会接收到温暖、宁静、平缓的信号。所以网络游戏UI设计可以遵循这一原理，尽量向用户传达开心、兴奋等感知信息，如果用户能够感知这一信息，说明此界面设计是比较成功的，将其进一步加工深化就会形成设计中的美感。这也为设计师指明了方向，即在设计过程中，要结合目标用户的普遍审美情况，在兼顾美感的同时为玩家呈现最有效的图像及功能信息。

6.人机交互设计

目前，许多网络游戏将界面设计的重点放在视觉设计方面，为用户呈现视觉上的美感，却在一定程度上降低了对人机交互的重视程度。交互设计这一概念产生于20世纪80年代，其核心理念在于将用户作为界面设计的中心，这一观念的提出对于产品设计传统理念而言是一个重大的冲击，打破了将产品性能作为设计主要原则的竞争理论体系。交互设计强调从用户角度看产品，深层次的人机交互技术能够让用户在对界面进行操作时，拥有更为流畅舒适的体验，将用户的诉求放在产品设计的首位，通过搜集用户与计算机之间的交互痕迹，获得用户思维及行动习惯，通过优化人机交互设计为用户打造更优质、多样的互动交流方式。人机交互的目的在于将产品界面与用户行为结合，进行交互设计，使两者之间建立某种联系，让使用者获得更高的使用价值。

7.容错原则

交互设计必须遵循容错原则，且要明确告知用户，哪些操作是被禁止的。依据人机工程学原理，侧重于人与系统的完美融合，能够拥有更舒适的体验，网络游戏UI界面设计也应遵循这一原理。有专家曾经深入研究分析过人类大脑的工作机制及原理，指出计算机这种工具的出现主要是为了弥补人类心理智力方面的不足，人机界面也应该针对人类存在的缺陷进行设计，以帮助用户提高效率并获得更好的体验。网络游戏UI界面设计师应该学会换位思考，以用户为中心进行界面设计，尽可能考虑用户在游戏中可能失误产生的每一个误操作，并想出相应的解决策略来纠正这些错误操作。

8.习惯原则

人类生活中会形成各种各样难以更改的习惯，网络游戏UI界面设计师在界面设计过程中也要考虑到这一因素，根据用户的习惯性操作进行界面设计。在《人本界面》一书中，指出界面操作组件的优化要根据用户的操作习惯进行，并逐渐优化至预期状态，避免出现由于界面图标过于复杂，而出现用户不想使用的现象。所以在人机交互设计过程中，要先确定游戏目标受众人群，对此用户群体的操作习惯进行总结分析，再进行界面设计。如操作键盘中，许多游戏玩家都习惯性将W、A、S、D作为方向操作按键，其他特定按键为技能键；再如聊天按键而言，许多人习惯用"Enter"键作为发送消息的按键，用鼠标右键调出功能菜单。这些都是用户长期形成的难以更改的习惯，设计师在进行界面设计时，不能强行对此设计进行改动，以免降低操作的舒适度。

9.引导原则

网络游戏UI界面设计必须遵循引导原则，许多用户在第一次接触时，不了解游戏玩法及操作，引导功能能够帮助用户快速了解游戏的相关规则及操作技巧。此外，界面图标应该尽量设计得直观明了，让用户一眼就能明白其功能，最好的办法是将图标设计为与实际功能类似的物品形状，如背包设计成书包图标、射击键设计成瞄准镜样式的图标，图标尽量简明易懂。

第二章

图标设计

信息设计

对于同一个信息，人们可能解释为信号，也可能解释为指示、比喻、符号或象征。一般设计在人机界面上显示的往往是机器的功能和状态。设计师往往按照仪表功能设计显示方式，而往往没有考虑到操作员对信息的处理，不知道操作员如何解释这些信息。这种外界信息要经过人的知觉系统和认知系统对这些信息进行翻译、转换或解释成为操作员所需要的信息。这是以机器为本的信息设计。

如何把信息设计成只能单义理解的形式，这需要设计师了解操作员需要怎样的信息显示。这取决于以下因素。

第一，既要监督和了解环境全景，又要容易发现各部位的状态是否正常。这时操作员需要全景的示意图或图标。

第二，操作前，操作员需要感知环境信息，这种信息被看作提示，以确定下一个目的和任务。因此，需要与各种任务和目的有关的信息。

第三，在完成一个操作后，操作员需要操作步骤的反馈信息，把这些信息与任务目的进行比较，评价操作结果。因此，需要面向操作任务评价的信息。这种信息可以直接用来与任务目的进行比较，评价操作结果。

第四，不同目的需要不同信息。从人与机器的关系看，可以把机器分为三种类型。一是，人直接操作机器。二是，机器通过自动控制可以自己运行，人的作用是监督、调度任务、处理紧急状态。三是，把前两种系统组合起来，部分实现了自动控制运行，另一部分需要操作员自己进行操作。这种操作系统的操作员既需要操作信息，也需要监督信息。

第五，现场状态模拟量。通过现场观察，人们可以看到任何想看的东西，可以从任意角度去观察。模拟参数应该用模拟量（如现场摄像、示意图、动画）表示，不要用文字和数字量表示。同样，精确的数理推理参数或严格的逻辑推理参数比较适合用文字数字表达，此时就不要用模拟量显示。

信息设计的主要目的是组织规划信息以及信息的显示转换，使其适合人的目的、知觉和认知过程。操作员需要直接的任务目的信息，而不再需要认知处理进行解释。

第一节　图像简化

图像简化是将线状图形和面状轮廓界线的细节进行化简处理的过程。主要包括两个方面：一方面是简化一些细小弯曲和碎部。当编图比例尺比资料比例尺缩小较多时，不可能表示资料图上所有细小弯曲和碎部，必须去掉一些次要的细小弯曲和碎部；另一方面是放大一些细小但反映图像特征的弯曲。在消除与放大时，须注意保持图形各部分相对曲率大体相对应，保持面积对比大体一致，保持图形的平面结构和特征。

一、图标概述

在游戏界面设计中，图标设计占有很大的比例。它以图形符号的形式来规划并处理信息和知识，通过隐喻建立起计算机世界与真实世界的联系。图标设计中一般是提供单击功能，了解其功能后，它的设计首先要易于被快速识别、便于记忆、直观浏览、产生国际通用性；其次应具有形、意、色等多种刺激，传递的信息量大；最后还得具备抗干扰能力强、图标大小可调、表示视觉和空间概念，便于布局美观。好的图标设计需让浏览者看一眼外形就知道其功能，并且在整个界面中保持所有图标的风格一致。

1.图标定义

广义的图标是一种符号，它象征一些属性、功能、实体或概念，具有快捷传达信息、便于识别和记忆的特性。狭义的图标主要应用于计算机软件方面，包括程序图标、数据图标、命令选择、模式信号或切换开关、状态指示等。图标是具有明确指代含义和特定功能的图形标识，是区别程序语言命令的视觉命令形式，具有交互性，是实现电脑功能的重要载体。

2.图标、标志与标识的区别

图标是一种具有明确指代含义的计算机图形。标志俗称logo，是表明事物特征的记号、商标。标识是一种非语言传达的视觉图形及文字传达信息的象征符号，为公众提供区别、辨认事物，起到示意、指示、识别、警告、甚至命令的作用。

二、图标设计的原则

游戏界面图标设计的发展方向是简洁、易用和高效，精美的图标设计往往起到画龙点睛的作用，从而提升设计的视觉效果。图标设计的核心思想是尽可能地发挥图标的优势，比文字更直观、漂亮，尽可能使简洁、清晰、美观的表达出图标的意义。

1.可识别性

可识别性是图标设计的首要原则。它指设计的图标能够准确地表达相应的操作，让浏览者一眼就明白该图标要表达的意思。如道路上的标识图标，可识别性强、直观、简单，即使不认识字的人，也可了解图标的含义，如图2-1为天气图标设计。

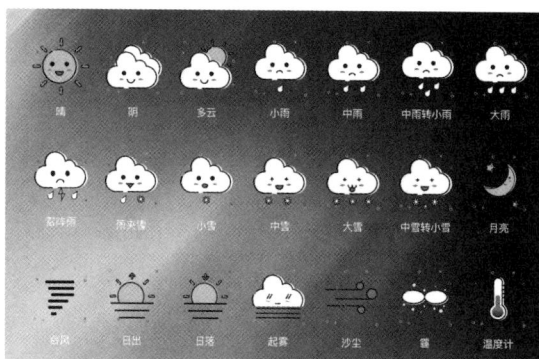

图2-1　天气图标设计

2.差异性

差异性也是图标设计的重要原则之一，同时是容易被UI设计师忽略的一个原则。只有图标之间有差距，才能被浏览者所关注和记忆，从而对设计内容留有印象，如图2-2差异性天气图标设计方案对比。

图2-2　差异性天气图标设计方案

3.与环境协调性

任何图标或设计都不可能脱离环境而独立存在，图标最终要放在界面中才会起作用。因此，图标的设计要考虑图标所处的环境，这样的图标才能更好地为设计服务。

4.视觉效果

图标设计追求视觉效果，一定要在保证差异性、可识别性和与环境协调性原则的基础上，先满足基本的功能需求，然后考虑更高层次的需求——视觉需求，如图2-3主题手机图标设计。

5.创造性

随着网络的不断发展，图标的设计表现方式更是层出不穷，对UI设计师的设计内容提出了更高的要求。创造性在图标设计中非常重要，在图标的设计过程中同样需要别出心裁的创意表达，如图2-4所示图标设计。

图2-3　主题手机图标设计

图2-4　图标设计

三、图标设计基础

在游戏领域，图标设计种类繁多，包括品牌图标（如游戏logo）、功能图标、物品图标、装备图标和技能图标等。这些图标在游戏界面中扮演着重要的角色，帮助玩家更好地理解和操作游戏。在设计图标时需要注意以下几个问题。

1.图标设计的三个关键点

①设计一个高识别度的图标。图标需要表情达意，传达信息。一个需要让用户猜测用意的图标并不是一个称职的图标。

②尽力做到极简。找到一个能够捕捉应用程序本质的元素，并尽量以简单的形态呈现出这个元素。然后，删除这个图标中不必要的装饰性的、冗余的内容即可。

③测试图标。在不同的背景下测试图标，图标应当在所处的背景中清晰可见。

2.高效的图标设计应该具备的特征

①清晰：图标的意义应该是可理解的，可供受众吸收的。

②有意义：图标应传递出有意义的信息。

③可识别：图标中所包含的视觉符号应该能够被正确地识别和呈现。

④简单：图标中包含必要的元素，便于被用户快速地感知，不会让用户感到费力。

⑤吸引人：图标设计要比其他的视觉元素更突出，直观且引人注目。

⑥灵活可拓展：图标应该可缩放，无论大小都能被人所理解，完整而易读。

⑦不冒犯人：图标应没有隐含意义，也不会有被误读的可能。

⑧一致：图标应该和应用保持一致的风格。

3.图标设计界面中使用图标的意义

①提升用户对信息和数据的感知速度。

②通过视觉化的图像来提升用户对于各种元素的记忆性。

③通过视觉引导提升导航的便捷度。

④无须过长的文字说明，更加节省界面和屏幕空间。

⑤支持文案和内容，以视觉的方式传递信息。

⑥强化设计感，与界面样式保持协调。

4.图标设计应注意和思考的因素

①目标受众，如能力、年龄、文化背景、教育水平等。

②典型用户的阅读水平。

③产品的使用环境。

④产品在全球或者地区的推广和普及程度。

⑤所用图标和图形本身的识别度。

⑥所用图标和图形让人分心或者集中注意力的程度。

🐘 **小贴士**

　　车牌识别是目前图像处理领域的重要方面。车牌识别技术产生于20世纪90年代，尽管经过近20年的发展，车牌识别仍然只能针对成像条件较好的图像进行，对"曝光偏差或图像污损"的图像识别率仍较低。

一般而言，车牌识别的最后环节是字符识别。字符识别的基础是图像二值化，而图像二值化的困难在于阈值选取。阈值属于图像处理领域内的经典难题，迄今为止，没有一个方法可以得到一个通用的阈值，也没有一个方法可以评估阈值对于要处理的图像是否适当。对于"曝光偏差或图像污损"的图像，其本质是或类似光照不均匀。受其影响，图像部分像素的灰度值往往不是分布在灰度的两端，经选取的阈值作用后表现为"黑"或"白"，而是分布在灰度中间，呈现为"中间灰"。对于这部分像素，通常不能找到一个适当的阈值将其正确地分类为"黑"或"白"，也就是说，"中间灰"有可能被错误分类到"黑"中，也有可能被错误分类到"白"中，表现为图像信息缺失，从而导致字符识别失败。

第二节　字符设计

人们可以用许多方法表达信息，最常见的有两种信息方式：文字和图形面。从认识特性看，文字是线性结构，一般按照文字顺序，逐字逐句阅读。图形同时呈现平面或三维结构，没有特定的起点和终点，可以按照自己的动机从任何地方开始观察，比较容易同时得到多项信息。从认知动机的角度，可以把信息分为两类：主题信息和情景信息。主题信息指表达核心目的的信息，它是动机关注的重点。情景信息描述环境状态和条件，有助于理解事情发生的时间、空间和顺序。用文字比较容易表达抽象的主题，如法律条文、思想、观点等。用图形比较容易直观地表达实物性主体的整个场景。例如，用相片一下就能表达人的面部外貌的全部信息，而用文字描述只能逐字逐句线性表达，用一些形容词或比喻表达。这些表达经过作者的认知加工，与原始信息有一定差距。从知识角度，可以把信息分类为陈述性信息和过程性信息。陈述性信息指可以用文字陈述出来的信息、概念、定义、推理等。过程性信息指行为过程、操作过程、实验过程等，用图形动画比较容易表达这些信息。

一、文字与图形的基本特点

文字与图形在人认知时的共同特点是：人脑往往只记忆自己对一段文字理解的含义，只记忆从一幅画中理解的含义，并不记忆文章和画面的细节。这意味着在设计中首先要考虑三个问题：用什么符号、表达什么含义、怎么被用户理解。

文字与完全写实的图形的基本区别如下。

第一，文字的表达方式是线性的，这种书写格式不符合人脑思维和记忆的结构。有一种观点认为，陈述性知识在大脑中被存储为语义网形式。每个概念被存入一个结点内，各个相关的概念被连接起来，形成一个很复杂的网。为了弥补文字表达的这一缺陷，人们采用插叙、倒叙、注解、意识流等方式。20世纪90年代出现了大量的计算机网层文字，它尝试模拟人脑的知识结构进行文字表达。

第二，用文字能够具体明确地表达出作者的目的和思维过程。然而，由于认知不同，读者并不一定认同作者的观点。画面直观表达出作者的动机。然而各个观察者不一定理解作者的动机，他们更容易以自己的角度去认识，对画面的理解可能多种多样。如观察同一个画面时，每个人会观察到不同的内容，有各种不同的理解，产生各种不同的心理感受。

第三，画面可以同时直观地表现完整的情景信息，使人能够从各个观察角度捕捉自己需要的信息。用文字描述情景时，只可能按照作者的视角，对情景有所取舍，强调了某些东西，淡化了另外一些东西，而不能描写出全部客观的情景。如果另一个人描写这个情景，可能描写的内容不同，完全可能使读者得出另一个结论。在阅读文章时，读者往往受作者视角的引导或局限。

二、关于符号与符号学

早在春秋战国时期，我国的著名思想家庄子在其著作《庄子外篇》中就已指出："言者所以在意，得意而忘言。"即在语言和事物之间存在着表征物与被表征物的关系，语言是事物的表征物，事物是语言的被表征物，语言的任务是事物信息的被传达，语言的角色是传达信息的媒体。符号正是利用一定的媒体来代表或者指示某一事物的东西。意大利著名符号学家安伯托·艾柯（Vmberto Eco）提出：将符号定义为任何这样一种东西，它根据既定的社会习惯，可被看作代表其他东西的某种东西。成语"雪泥鸿爪"生动准确地表述了符号的概念，大雁在泥沼与雪地上留下的爪印，使人们得知曾有大雁经过这里的事实，并且可由此推断出大雁的大小多寡等信息。爪印，代表了并不在的大雁。符号学，正是研究符号规律的科学。

三、符号的由来

由于人类特有的社会劳动和语言，使人的意识活动达到了高度发达的水平。人的思维是一个由认识表象开始，再将表象记录到大脑中形成概念，而后将这些来源于实际生活经验的概念普遍加以固定，从而使外部世界乃至自身思维世界的各种对象和过程均在大脑中产生各自对应的映像。这些影响是由直接的外在关系分离出来，独立于思维中保持并运作的。这些印象以狭义语言为基础，又表现为可视图形、肢体动作、音乐等广义语言。

四、图标设计与符号学原理

图标设计是一个特殊的思维过程。人类的意识过程其实是一个将世界符号化的过程。思维无非是对符号的一种挑选、组合、转换、再生的操作过程。因此可以说，人是通过符号来进行思考的，符号是思维传递的主体。图标设计是以信息传达为目的的，是在二维的空间中对字体的位置、比例、相互关系的筹划，无疑这也是一个思维的过程。同时，它又不是一个通常意义上的思维过程。这是一个开始于设计者、延续到用户心理活动的思维过程，而这种延续正是依赖于作为思维传递主体的符号。

图标设计从本质上讲是以利用图形传达信息为目的的，这决定了它一定是广义语言的一部分。因此，图标设计本身就是符号的一种表达方式。同时，它又是以符号的方式、符号的原理为依据与手段的。

五、准确地运用符号的语言

图标设计本身是符号的表达方式，设计者借它向用户传达自身的思维过程与结论，达到指导或劝说的目的。换言之，用户也正是通过设计者的作品，以自身经验加以印证，最终了解设计者所希望表达的思想感情。显而易见，作为中间媒体的图标，这时就充当着设计者思想感情的符号，而这个符号所需表达的信息是否可以被用户准、快速、有效地接受与认知，就成了设计作品成功与否的标志。这正是由设计者在设计的思维过程中对图形符号的挑选、组合、转换、再生把握的准确有效程度所决定的。由此可以说，符号是表达思想感情的工具。而"工欲善其事，必先利其器"这句古训在这里得到了新的诠释。

为了更好地了解和运用符号这个工具，应该理解以下两个方面的概念。

1.符号的不断深化

从符号与它指涉对象（即其指向与涉及的事物或领域）的关联上。目前在符号理论研究领域普遍认为将符号区分出以下三种不同的类型，同时是符号的三个层次。

第一，图像符号是通过模拟对象或与对象的相似而构成的。如肖像，就是某人的图像符号。人们对它具有直觉的感知，通过形象的相似就可以辨认出来。

第二，指示符号与所指涉的对象之间具有因果或是时空上的关联。如路标，就是道路的指示符号，而门则是建筑物出口的指示符号。

第三，象征符号与所指涉的对象间无必然或是内在的联系，它是约定俗成的结果，它所指涉的对象以及有关意义的获得，是由长时间内多个人的感受所产生的联想集合而来的，即社会习俗。比如，红色代表着革命，桃子在中国人的眼中是长寿的象征。

上述三者，既是符号的三种类型——并存而不可相互取代，又是符号逐次深化的三个层次，一个由图像符号至指示符号再至象征符号，其程度不断深化、信息含量更加广泛的过程。

2.符号的变量思维是一个时间和空间的范畴

符号的变量思维作为狭义的个人思维，具有与生命等长的长时间性和对不同生活空间的探索性。作为更广义的人类社会的思维活动，具有一般意义上的永恒性与对所有涉及空间的适用性。作为思维的主体，符号在时间与空间的变换中也是可变的。

在设计中，对于符号的挑选和运用，应该把握住以下这些变量，才能使信息传达准确而不出现歧义。

（1）不同的时间空间，同一符号有不同的指涉物

在河南安阳殷商遗址出土的大量龟甲兽骨上，刻有大量的象形文字，被称为甲骨文，这是我国目前可考的最早文字。这些文字当时是用来记录占卜结果的，也就是记录事件的符号。随着时间的推移，到了数千年后的今天，除了在考古工作者的眼中它还保留有记录事件符号的特性外，在绝大多数人的心目中，这些难于辨认的文字，已成为几千年前那个时代的象征。

在图标设计中，甲骨文形象出现，它所传达的信息已不再是古人询问命运的结果，而转变为人们对那个时代的追思。在这里这些文字已经成为数千年中华文明荣耀的提示符。网络也有着类似的经历。网络已成为当代人类社会必不可少的交流方式，而符号"@"是网络的表示符号，它原本象征电脑、网络的含义渐渐被人们淡忘，取而代之的是它已成为网络交流的标志。

（2）不同的时间空间，不同的符号指涉同一事物

我们的社会正在经历着越来越多、越来越快的变化，变化着的时间和空间赋予事物以新的含义，事物也都在不断地变化着代表它的符号，来适应它的新含义。生活在这样变化的时间和空间的人们对于事物的认知也在变化，建立在大脑中的映像——符号，自然会出现差别。时尚，也许是社会中变化最快的事物，每年、每月甚至每天都会有所不同。代表时尚的符号，也在随之不断地更新。

总之，作为思维过程或是符号表达式的图标，它所挑选、组合、运用的符号元素应是具有明确指涉功能的符号。只有与其所处的空间、时间、社会现实的要求或表现相一致，才能恰如其分地发挥应有的效用。这就要求设计者必须把握住所应用的符号可能存在的变量，保证这些符号的当前值正是设计者表达思想感情的所需值，而不是它们既有的、曾有的或可能有的其他含义。

六、文字

1. 文字与用语

系统信息的措词对用户使用系统会有影响，特别是新手。设计者只要采用更有针对性的诊断信息，提供建设性的指导，采用以用户为中心的措词，选用合适的格式，以及避免含糊的词语或数字代码，就可以改善系统的使用效果。在给出指令时，注意用户和用户任务，避免拟人式措词，要使用第二人称形式来引导新用户，

简单扼要的指令常常更为有效。

文字和用语除了作为正文显示外，还在设计题头、标题、提示信息、控制命令、会话等处出现。设计文字与用语的格式和内容时，应注意如下原则。

（1）简洁性用语

图标设计中，文字用语的简洁性指避免使用计算机专业术语；尽量用肯定句而不要用否定句；用主动语态而不用被动语态；用礼貌而不过分的强调语句进行文字会话；对不同的用户，按心理学原则使用用语；英文词语尽量避免缩写；在表示按钮、功能键时，应尽量使用描述操作的动词；在有关键字的数据输入对话和命令语言对话中，采用缩码作为缩写形式；在文字较长时，可用压缩法减少字符数或采用一些编码方法。

（2）格式明确

在屏幕显示设计中，一幅画面文字不要太多，若必须有较多文字时，尽量分组分页，在关键词处进行加粗、变字体等处理，但同行文字尽量字型统一。英文词除标题外，尽量采用小写和易认的字体。

（3）信息内容清晰

第一，信息内容显示不仅要采用简洁、清楚的语句，还应采用用户熟悉的简单句子，尽量不用左右滚屏。当内容较多时，应以空白分段或以小窗口分块，以便记忆和理解。重要字段可用粗体和闪烁，吸引注意力和强化效果（强化效果有多种，应针对实际进行选择）。反馈信息和屏幕输出应面向用户、指导用户，以满足用户使用需求为目标。反馈信息的作用是为用户获取运行结果信息，或系统当前状态（如当前用户做了什么、系统处于何状态）及如何进一步操作计算机系统（如用户应如何去做）。所以在满足用户需要的情况下，应使显示的信息量减到最小，不显示与用户需要无关的内容。第二，反馈信息应能正确阅读、理解和使用。面向用户、指导用户指的是应使用熟悉的术语来解释程序，帮助用户尽快适应、熟悉、掌握新系统的环境。反馈信息内容应准确，要求表达明确的意思，不使用有二义性的词汇或句子。使用肯定句，不用否定句；使用主动语态，不用被动语态以及礼貌用语等。

2.文字理解过程

用户阅读计算机类书籍，要理解概念、定义、规则等陈述性知识，但更应关注与自己任务有关的过程性知识，更关注完成一定任务所需要的操作过程，而不是每个操作命令的详细格式和各种用途。对概念或定义的理解过程如下。

①判断自己的记忆中是否存在这个概念，这时理解过程变成了回忆过程。

②新概念是否能与以往熟悉的概念联系起来。

③新概念是否能与实物对象联系起来。

④采用类比方法，根据自己的经验，是否能够通过比喻或想象来描述新概念。

⑤采用因果判断，当无法使用上述思维方法时，要采用各种逻辑方法进行判断。如这个新概念的含义是否与以往经验冲突，可采用反证法进行对比，也可能根据自己经验，把这个含义放在自己熟悉的情景中，看它会导致什么结果。

⑥概念与自己知识结构完全没有联系，就需要记忆新概念。

对于过程性的知识的理解可采用的其他方法：

①通过模拟，学习基本过程，如转动、节奏、双手协调，以及基本逻辑推理过程等。

②用联系方法，把以往过程性知识重新组合，形成新的过程。

③记忆过程的目的、计划、实施、评价，这是一个过程性知识的基本结构。

④记忆动态画面过程。

第三节　交互型图标设计

一、交互设计

1.交互设计的定义

交互设计主要探索人与产品、服务或系统交互过程中的设计问题，包括动作和信息的接收、认知与反馈等过程。设计的目的是让产品、服务或系统与人的交互行为和心理自然吻合，最大限度地减少问题和障碍，提升用户体验。

2.交互设计的流程

①理解用户的期望、需求、动机和使用情景。

②理解商业、技术以及行业的机会、需求和制约。

③以上述知识为规划基础来创造产品，让产品的形式、内容以及行为可用、易用、令人满意，无论是经济还是技术上均切实可行。

这样的定义不仅充分体现了交互设计是以用户为中心的，而且涵盖了成功的交互设计所涉及的复杂体系。在此思想基础上，艾伦·库珀（Alan Looper）提出了以目标为导向的交互设计方法和流程，如图2-5所示。

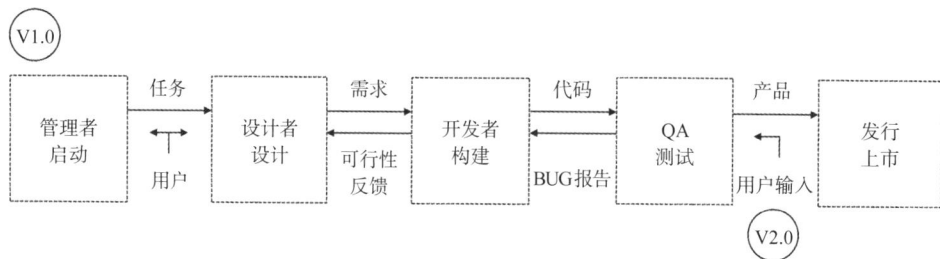

图2-5 以目标为导向的交互设计方法和流程

3.交互设计的目标

交互设计需要考虑很多因素，是一个复杂且富有挑战性的工作。不同企业的产品或服务在设计开发过程中的交互设计流程可能不尽相同，但最终的目标都应该是为了满足用户的需求，为用户创造良好的交互体验。

（1）可用性目标

可用性是交互产品设计的重要质量指标，反映用户在使用产品的整个过程中是否能够顺利完成任务，是产品有效、易用、高效、好记、容错和令人满意程度的综合体现。

（2）体验性目标

体验是指人在实践中对亲身经历的事情产生的真实感觉或情感上的感受。这个定义包括两层含义，一方面是指亲身的经历，另一方面主要强调人参与其中时的心理感受。在我们的生活中，体验无处不在。

二、用户心理要素

1.用户和目标用户

（1）直接用户

直接用户与交互系统直接相关，包括经常使用交互系统和偶尔使用交互系统的用户。

（2）相关用户

相关用户与交互系统间接相关，如决策人员、管理者、拥有者等利益相关者。

2.用户需要和需求

用户需要是有机体在生存和发展过程中感受到的生理和心理上对客观事物的某种要求。它往往以内部的缺乏或不平衡状态表现出其生存和发展对客观条件的依赖性。马斯洛需求层次理论是人类研究需要的代表理论，由美国心理学家亚伯拉罕·马斯洛（Abraham Maslow）于1943年在《人类激励理论》一文中提出，是人本主义科学的理论之一。

3.用户行为

用户的行为由五个基本要素构成，即行为主体、行为客体、行为环境、行为手段、行为结果。

4.使用环境

环境指人类生存空间及可以直接或间接影响人类生活和发展的各种自然因素。使用环境可理解为用户使用产品或服务过程中所处的物理环境、社会环境、心理环境。

三、用户心智模型

用户心智模型以人类的全部精神活动，包括情感、意志、感觉、知觉、表象、记忆、学习、思维、直觉等为研究对象，用现代科学方法来研究人类非理性心理与理性认知融合运作的形式、过程和规律，如图2-6所示的用户心智模型。在设计领域，用户心智模型可以理解为用户根据过去的生活经验和大脑内储存的知识，理解、判断和预知即将使用的系统、软件或其他产品的用途或用法。产品的概念模型与用户的心智模型越匹配，越能够创造优秀的可用性体验。

四、自然交互

自然交互是指在人与产品的交互过程中，产品允许用户利用自身固有的认知习惯及所熟知的生活化行为方式进行的交互动作，是以一种非精确的自然行为与产品进行交互的方式，旨在提高交互的自然性和高效性。

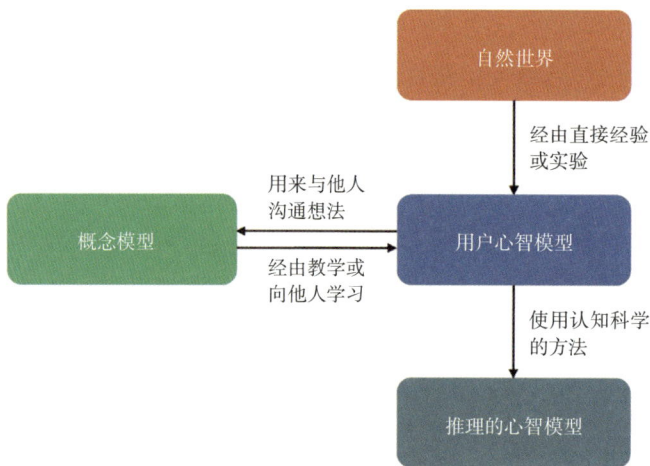

图2-6 用户心智模型

五、用户心理理论

1.格式塔理论

1912年，德国人马克斯·韦特海墨（Max Wertheimer）首次提出格式塔理论。格式塔在德语中的意思为"整体、形状、结构"。该理论认为人在看物体的时候会通过已有的生活经验和认识，将物体各个部分自然地组合成一个整体，而不是先将整体分割成不同部分。格式塔理论主要通过六条组织原则来体现：图形与背景的关系原则、接近或邻近原则、相似原则、连续性原则、封闭性原则、知觉恒常性原则。

2.沉浸理论

沉浸体验是交互设计追求的用户体验之一，是用户在操作过程中形成的暂时性的、主观的体验，会吸引用户持续不断地投入产生沉浸体验的行为。在交互设计中，沉浸体验可以提高产品的用户黏性。

六、交互设计要素

在交互设计阶段，交互设计师按照前期确定的需求清单和产品定位进行产品功能架构、导航布局、交互方式、文本字符串等一系列内容的设计，最终将完成的低保真效果图、交互设计流程图、字符串文档等交付给视觉交互设计师和软件开发人员。

1.交互界面设计软件

在交互设计阶段，主要设计界面的信息架构、功能布局、交互流程、文字内容、特殊情况说明等。目前常用的交互界面设计软件有Axure RP、Visio、Sketch等。

（1）Axure RP

Axure RP是一款专业的原型设计工具，让负责定义需求和规格、设计产品功能和界面的专家能够快速创建应用软件（图2-7）。

（2）Visio

Visio是微软开发的绘图工具，提供许多领域的图形模块和绘图模板集（图2-8）。用户可以拖动组件组成所需要的图形，使用起来非常简单。它可以非常快速地绘制交互界面的流程图，还可以绘制工艺流程图、组织图、日程表、布置图等。

图2-7　Axure RP界面

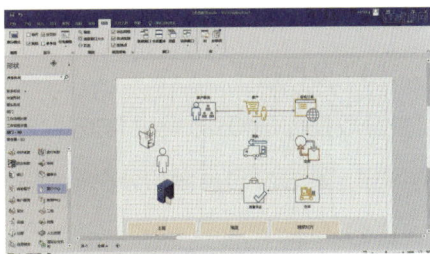

图2-8　Visio界面

（3）其他原型软件

随着互联网的发展，移动设备越来越普及，从事界面设计的人才也越来越多，因此相关界面原型设计工具也不断出现，尤其是基于iOS系统的原型工具发展迅猛，其中最为出名的是Sketch软件。此外，较受欢迎的交互界面设计软件还有Flinto、Principle等。

2.交互组件

（1）状态栏

状态栏又称信号栏，位于界面的最上方，主要显示设备的电量、时间、信号、网络等基本信息，如图2-9所示的iOS系统和Android系统的状态栏。

图2-9　不同系统的状态栏对比

（2）导航栏

导航栏紧贴在状态栏下，包括返回、标题和其他控件，如图2-10所示，iOS系统导航栏。

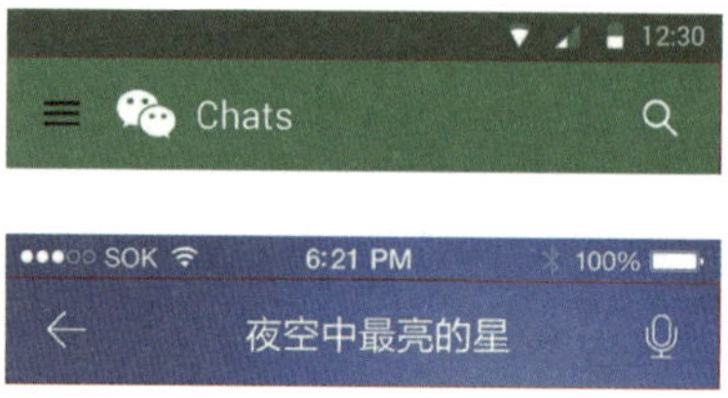

（3）标签栏与工具栏

当界面需要放置很多控件，或者不需要导航时，可使用标签栏或工具栏代替导航栏，如图2-11、图2-12所示的标签栏和工具栏设计。

图2-10　导航栏

图2-11　标签栏设计

图2-12　工具栏设计

（4）分段控件

分段控件是iOS系统中典型的控件类型，一般位于界面的顶端，用于二级导航的区分，如图2-13所示的分段控件。

（5）列表

列表有单行、双行、三行和四行等不同类型，每种列表在iOS系统和Android系统中的高度都有明确的设计规范，如图2-14所示的不同产品的列表界面设计。

图2-13　分段控件

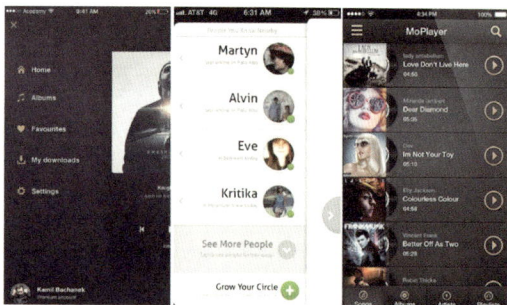

图2-14　列表界面设计

（6）对话框

对话框是Android系统的基础视图组件之一，如图2-15所示的iOS对话框界面设计。

（7）图标

图标广义上指图形符号，用于传达信息，如图2-16所示的MIUI大图标和iOS小图标。

图2-15　iOS对话框界面设计

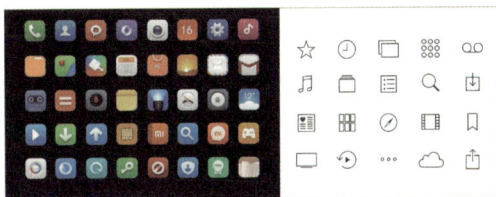

图2-16　MIUI大图标和iOS小图标

（8）按钮

界面设计中，按钮主要用于确认、取消、提交等操作，如图2-17按钮设计规范。

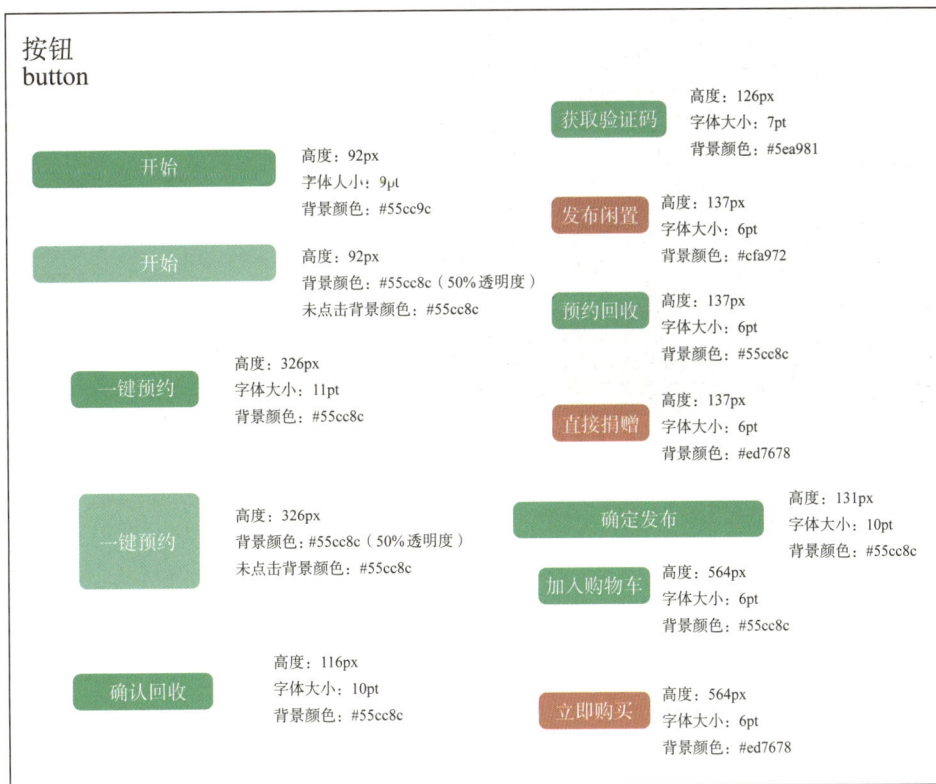

图2-17　按钮设计规范

（9）开关按钮

iOS 和 Android 系统中的开关按钮，样式不同，但功能基本一致。按钮可以更改某些功能设置的状态，如飞行模式、网络、音量不同模式等开关，如图2-18所示开关按钮。

图2-18　开关按钮

（10）文字控件

文字控件主要用于显示确定的文字内容，不可以编辑修改，如图2-19所示的文字控件。

（11）输入框

输入框是一个圆角区域，有光标提示输入文字信息，也可以对文字进行编辑，单击回车键后，输入框对内容进行自适应处理，完成输入，如图2-20所示的输入框。

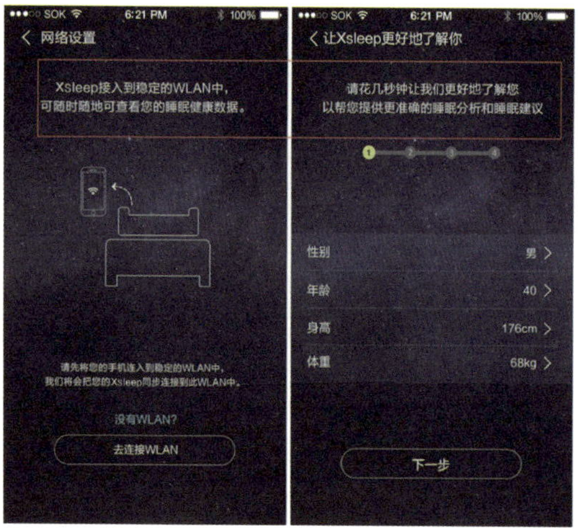

图2-19　文字控件

图2-20　输入框

（12）图片控件

图片控件用来显示和管理图片。图片显示包括缩略图和全屏预览等。图片管理有多种形式，如时间线、列表等。

（13）搜索框

搜索框是用于在众多内容和信息中，根据需求寻找信息的控件。搜索框的设计一定要显眼，它的位置和易用性对界面设计和用户体验都非常重要，如用户在搜索时，为用户提供相关内容的记忆、提示和分类等，可提高搜索效率，提升用户体验，如图2-21所示的搜索框。

（14）复选框

复选框是允许用户同时选中多个选项的基础控件，常用于用户资料填写、选项设置等，如新闻资讯类产品供用户选择兴趣爱好的选项，如图2-22所示的复选框。

（15）单选按钮

单选按钮是允许用户在一组选项中仅选择一个选项的控件，经常用于设置中的铃声、系统模式选择，以及用户信息中的性别、婚姻状态等信息填写，如图2-23所示的单选按钮。

图2-21　搜索框

（16）下拉框

用户通过下拉列表选择某一个选项。与单选按钮相比，下拉框在界面中占用的位置比较小，而且下拉列表的选项可以有很多，所以当界面同类信息比较多时，可以使用下拉框的设计形式，如图2-24所示的下拉框。

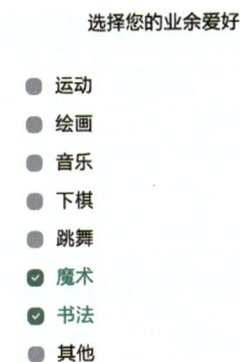

图2-22　复选框

图2-23　单选按钮

图2-24　下拉框

（17）小插件

小插件是在Android系统中比较常见的一种控件，一般显示用户常用功能，位于"Home"桌面上，可以快速操作，是进入对应产品的快捷入口，如图2-25所示的桌面小插件。

图2-25　桌面小插件

（18）进度条

进度条主要显示当前任务的执行进度，如单击启动图标以后的应用加载界面、音乐播放进度等，如图2-26所示的进度条。

3.原型设计

原型是交互设计中来表达产品信息架构、功能模块、交互方式、界面布局等内容的设计模型，是交互设计师将设计概念可视化的主要手段。一方面用于团队设计过程的交流讨论和迭代；另一方面用来做用户测试，以获取用户数据，进而改进用户体验。

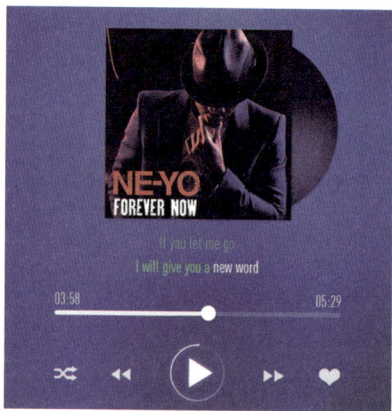

图2-26　进度条

（1）草图原型

草图原型是一种快速模型，主要在项目初期使用，用一支笔、一张纸便可以表达设计想法，简单、便捷，成本较低，可以快速表达想法，如图2-27所示的交互流程草图。

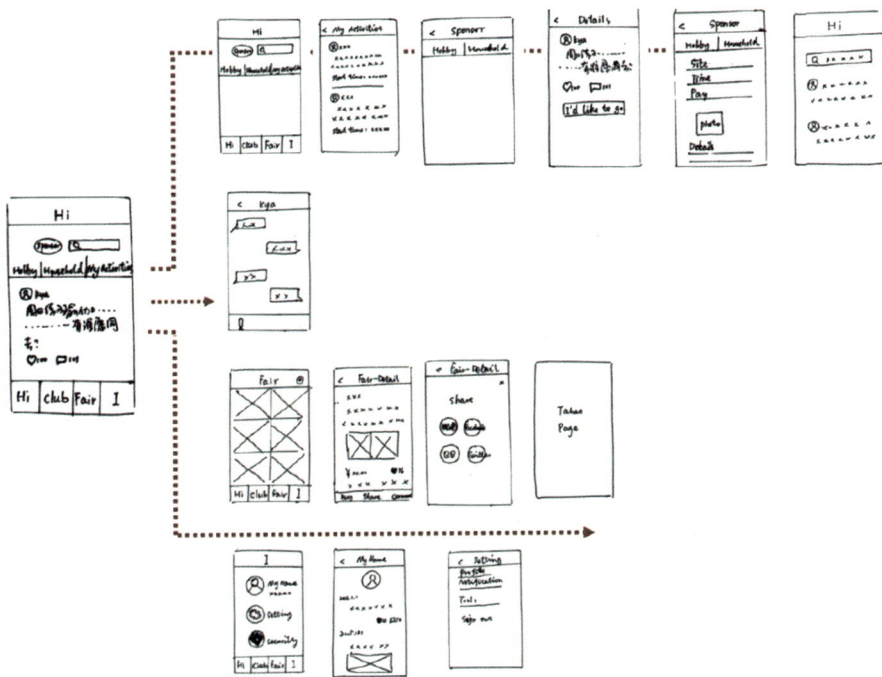

图2-27　交互流程草图

（2）低保真原型

低保真原型主要是用交互设计软件或纸张将产品信息架构、界面内容和交互方式等设计出来，不涉及配色、材质、规范等视觉设计，如图2-28所示的低保真界面原型。

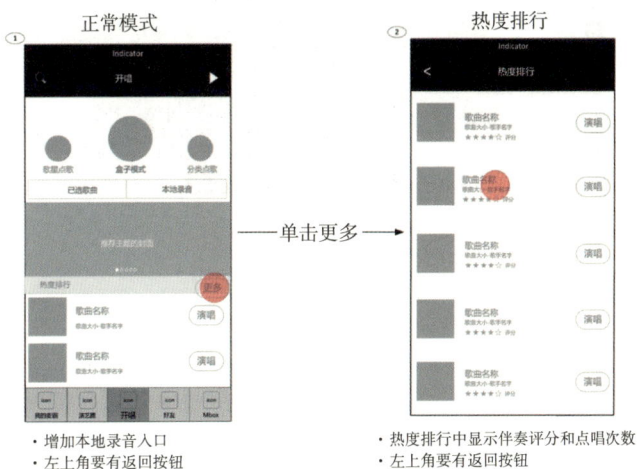

图2-28　低保真界面原型

（3）高保真原型

高保真原型已经是用户最终看到的样子，其中的色彩、布局、内容都完全模拟了用户真实使用场景，体验上与真实产品接近，如图2-29所示的高保真界面原型。

图2-29　高保真界面原型

（4）视频原型

视频原型是在高保真原型的基础上用AE、Flinto、Principle等动效设计软件模拟用户操作的过程，并以视频的方式进行表达，如图2-30所示的视频原型静帧图片。

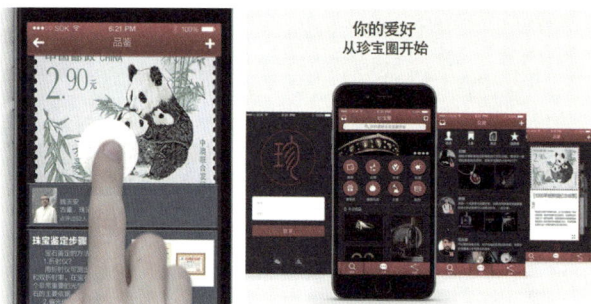

图2-30　视频原型静帧图片

4.交互方式

交互方式是指用户与产品交流的方式，如用户与电脑交互的方式主要是单击完成相应的任务，用户与手机的交互方式主要是手势交互、键盘输入交互、语音交互等。

（1）手势交互

手势交互是用户操作手机实现交互目的的基础方式，是重要的用户体验形式，如图2-31所示的iOS系统的手势规定。

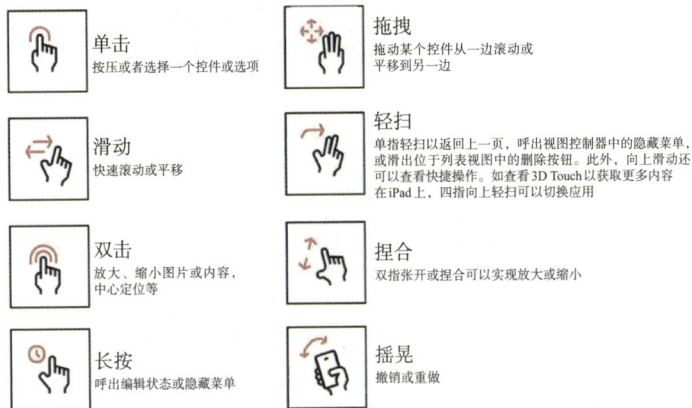

单击
按压或者选择一个控件或选项

拖拽
拖动某个控件从一边滚动或平移到另一边

滑动
快速滚动或平移

轻扫
单指轻扫以返回上一页，呼出视图控制器中的隐藏菜单，或滑出位于列表视图中的删除按钮。此外，向上滑动还可以查看快捷操作。如查看3D Touch以获取更多内容 在iPad上，四指向上轻扫可以切换应用

双击
放大、缩小图片或内容，中心定位等

捏合
双指张开或捏合可以实现放大或缩小

长按
呼出编辑状态或隐藏菜单

摇晃
撤销或重做

图2-31 8种iOS系统的手势规定

（2）键盘输入交互

键盘输入操作是通过真实或虚拟键盘向界面输入信息的操作方式，如图2-32所示的通过输入信息进行分享。

（3）语音交互

语音交互是依靠音频进行交互的方式，音频包括以人的话音为主的语音以及音乐、铃声等其他声音，如图2-33所示的语音交互界面设计。

图2-32 信息分享

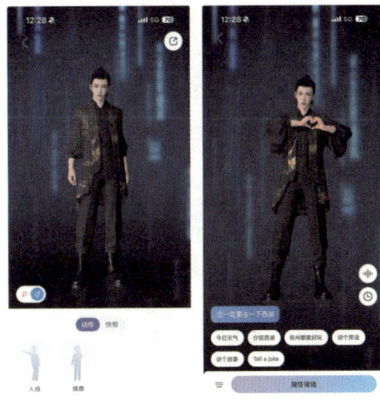

图2-33 语音交互界面设计

（4）体感交互

体感交互也是一种自然交互的方式，指无须借助其他控制设备，用户直接通过自己的肢体动作与产品进行交互，如图2-34所示的体感交互。

图2-34　体感交互

（5）图像识别交互

与键盘输入的交互方式相比，图像识别交互不仅可以大大提高用户向机器输入信息的效率，还可以提高输入的安全性和精确度，如图2-35所示的二维码扫描交互。

图2-35　二维码扫描交互

（6）其他传感器交互

除了上面提到的几种常见的交互方式外，还可以通过传感器实现摇晃、吹气、光线、重力感应等多种好玩的交互方式，如图2-36、图2-37所示。

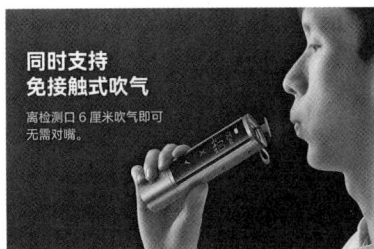

图2-36 吹气传感器交互

图2-37 隔空滑屏传感器交互

5.导航设计

（1）导航设计目标

交互界面设计中导航设计的目标是方便用户快速认知、查看界面内容，查找所需要的信息等，重要的是告诉用户"他们在哪儿"以及"他们能去哪儿"如图2-38所示的一些常见导航形式。

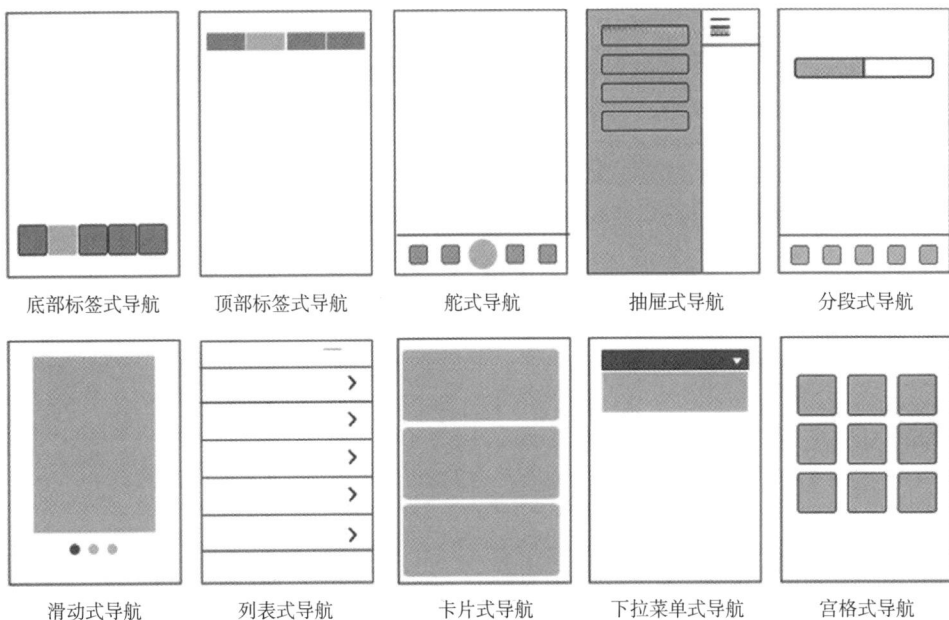

底部标签式导航　　顶部标签式导航　　舵式导航　　抽屉式导航　　分段式导航

滑动式导航　　列表式导航　　卡片式导航　　下拉菜单式导航　　宫格式导航

图2-38 常见导航形式

（2）导航设计的类型

①底部标签式导航。底部标签式导航因作为主要的导航布局而得名，清晰的分类标签将产品的主功能分为几个主要页面，用户通过切换标签查看不同的功能模块，如图2-39所示的底部标签式导航。

②顶部标签式导航。顶部标签式导航位于界面的顶部，一般是二级菜单，如图2-40所示的顶部标签式导航。

图2-39　底部标签式导航　　　　　　　　图2-40　顶部标签式导航

③舵式导航。舵式导航和底部标签式导航类似，中间一个按钮变成了"+"号按钮，这个按钮一般会通过颜色、光影等视觉设计显示吸引用户单击，如图2-41所示。

④抽屉式导航。抽屉式导航像抽屉一样可以拉出来以显示更多内容和选项，一般放在界面的左上角，如图2-42所示的抽屉式导航。

⑤分段式导航。分段式导航是iOS系统自带的标准控件，主要用在切换频率比较高的分类界面设计中。数量通常在2~4个，位于界面顶端，如图2-43所示。

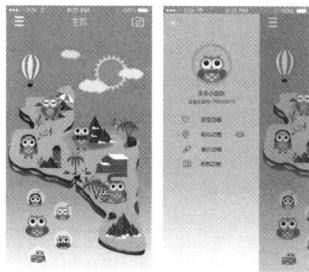

图2-41　舵式导航　　　　　图2-42　抽屉式导航　　　　　图2-43　分段式导航

⑥滑动式导航。滑动式导航适用于产品功能相对比较简单、内容推荐类的应用。导航形式操作简单，界面以内容为主，看不到太多导航的控件，配合手势操作可以给用户很好的体验，如图2-44所示。

⑦列表式导航。列表式导航又称list导航，是常见的导航形式。大部分产品的通讯录、信息、设置等界面基本上都是列表导航，如图2-45所示。

⑧卡片式导航。卡片式导航在界面上表现为一组类似卡片的数据信息，一般包含相应内容的图片、文本和链接，排列的形式有列表、网格、轮显、泳道等，如图2-46所示的卡片式导航。

图2-44 滑动式导航　　图2-45 列表式导航　　图2-46 卡片式导航

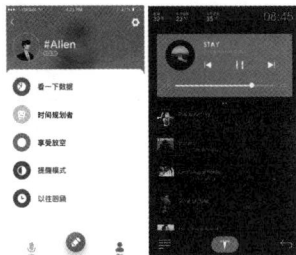

⑨下拉菜单式导航。下拉菜单式导航可以将多个并列的选项放在一个按钮中以节省界面空间，便于操作，如图2-47所示为下拉菜单式导航。

⑩宫格式导航。宫格式导航又称仪表盘导航，用于主界面的一级导航，常见于摄影摄像类APP界面，视觉效果比标签式导航更有冲击力，如图2-48所示。

图2-47 下拉菜单式导航　　　　图2-48 宫格式导航

6.硬件设备

（1）屏幕尺寸

设备屏幕尺寸多元化，如图2-49所示，多种屏幕尺寸。

（2）屏幕方向

如图2-50所示，电子计算器横竖屏界面设计。

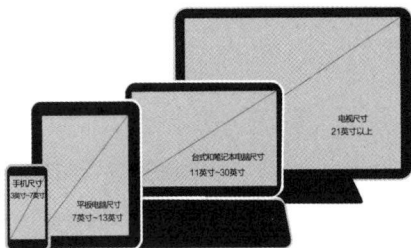

图2-49　多种屏幕尺寸

图2-50　电子计算器横竖屏界面设计

（3）用户与屏幕之间的距离

在设计阶段需考虑用户与屏幕之间的距离，这会影响用户获取信息的质量和体验。

第四节　辅助图标设计

在界面设计中，辅助图标设计可以对界面设计的理念或创意进行阐释，并融入视觉图形之中，以加强界面的形象性，使其更加容易被识别和理解。而辅助图标造型的恰当与否直接影响人们对于界面的接受与喜爱程度。辅助界面的类别不同，其设计和表现方法也不同。

一、辅助图标设计的概念

辅助图标设计有时也称为辅助图案或装饰花边，辅助图标的设计目的是为有效地辅助界面设计视觉的应用。

辅助图标是界面设计要素的延伸和发展，与主图标设计保持宾主、互补、衬托的关系，是设计要素中的辅助符号，主要适用于各种宣传媒体的装饰画面，可加强界面形象的诉求力，使视觉识别设计的意义更丰富，更具完整性和识别性。一般而言，主图标在应用要素设计表现时，都是采用完整的形式出现，不容许与其图案相重叠，以确保其清晰度和权威性，对象征图案的应用效果则应该是明确的，而不是所有画面都出现象征图案。象征图案即可以由标志图形延续变化而来，也可以用与界面内涵、理念相联系的图形或者图案。象征图案是为了适应各种宣传媒体的需要而设计的，由于应用设计项目种类繁多，形式千差万别，画面大小变化无常，这就需要象征图案的造型设计是一个富有弹性的符号，能随着媒介物的不同，或者是版面面积的大小变化作适度的调整和变化，而不是一成不变的定型图案。

辅助图标设计在传播媒介中可以丰富整体内容、强化界面形象，从而增加界面设计中其他要素在实际应用中的应用面。

二、辅助图标设计的作用

1.强化界面设计识别系统的诉求力

辅助图标以强烈且具个性的视觉特征，抓住受众的视线，引起人们的兴趣，而且更明确传递界面的特征。

2.增加设计要素的适应性

辅助图标的设计与主图标设计的视觉要素有内在联系，起到对比、陪衬的作用，增加了其他要素在应用中的柔软度与适应性，辅助图标的出发点是处理好其他要素的组合形式与应用环境的关系。

3.提高视觉美感

辅助图标设计与主图标设计的色彩系统组合、变化，产生次序节奏、增加韵律，强化了界面的视觉冲击力和美感，从而产生视觉上的诱导效果和亲切感，增强审美趣味。

三、辅助图标的设计要求

辅助图标是富有特色的或具有纪念意义的，象征界面设计的理念、品质和视觉的具象化图案。这个图案可以是图案化的人物、动物或植物，是具有象征意义的形象物。经过设计，可赋予具象物人格精神以强化界面设计。辅助图标的设计应具备如下要求。

（1）个性鲜明

辅助图标的设计应富有特色或具有纪念意义。选择特形图案和界面内在精神是有必然联系的。

（2）具有亲切感

辅助图标设计中的图案形象应有亲切感，让人喜爱，以达到传递信息、增强记忆的目的。

（3）其他特性

辅助图标的设计应具有延展性、装饰性、局限性、多样性等其他特性。

四、辅助图标的设计方法

1.衍生与延伸

以主图标的某些要素衍生变化作延伸性的表现，可作增加数量、扭曲、渐层、线条化等演变。常见的分解方法是提取主图标中某一核心元素作为辅助图标中的单位基本形再进行变化，这样做的好处是既能取得辅助图标与主图标的密切联系，又能延续主图标中集合的界面设计理念，增加了整体界面设计中视觉系统的系统性，并且使主图标和辅助图标形成联动的呼应关系。

（1）取主图标精华的一部分以延展

取主图标精华的一部分进行延展是最常用的一个方式，很多的主图标设计在辅助图标方面选择了这个方法。

（2）利用主图标

直接用主图标，或者放大，或者倾斜，或者用做底纹效果。

2.重新设计

重新设计具有个性的视觉符号，再进行一定限度的延伸变化。不完全依赖于主图标造型的独立的辅助图标，是根据几何造型元素提炼、加工完成的，如条状、带状、点状、块面等。好处在于从形式上能更好的和主图标联合，为界面视觉形象内容的不足进行补充和深化，并且可以根据环境和载体的变化，改变在空间中的错落形式来弥补界面视觉中出现的延展问题。

（1）有关联图形

采用与主图标没有太大关联但是与行业特色有关联的图形。

（2）无关联的图形

采用与主图标没有太大关联，与行业特色也没有太大关联，但优美的图形。

小贴士

图标整体设计中的图形语言与情感设计

图标作为表象图形符号在城市交通、建筑和网络等方面的指示、引导、警示和强调等作用。

1.图标的概念界定

图标这个词语起源于英语的表达，记作"Icon"，希腊语为"Eikono"，意思是"图像、肖像、偶像"图标是所代表真实事物抽象化或简单化后的符号，相比图示的比较严格的形式和规范而言，图标是不受规范的制约，可以自由构形的图形符号，所以在图形符号的造型方面有更多自由选择的空间，有能够产生较高的娱乐效果，甚至可以通过趣味化的图形传达信息，同时图标在电脑、手机或其他数码产品应用中也能起到一定的指导作用。图标主要应用于计算机，手机和网站的界面上，它的构思都来自日常生活中的实物、动作、表情等，并用直观、娱乐的手法表现出来，让原本机械、冷漠、不真实的计算机虚拟世界变得更利于人们理解和操作。就其本质而言，图标承担着一个复杂过程简单化中接口的作用，如对于计算机初学者来说，面对一台不会说话的机器难免会不知所措，但是有熟悉的图标指导操作就能够比较轻松的熟悉和适应计算机的使用。

图标在继续承担传达信息这个主要功能之外，越来越表现出图形语义的多元化和娱乐性，图形语义所表达的含义受到观者自身理解的差异而呈现出多义性的特征，多义性导致观者对图形解读的结果具有不确定性。

2.图标的产生和发展进程

图标的产生时期比较晚，可以说是伴随着社会的数字化进程产生和发展起来的。现在我们可以在所有的机器操作界面、按钮，在计算机或手机界面上看到图标。最初，这些地方只有文字符号协助人们完成操作任务。随着全球科技的发展和普及，文字符号受到了国家语言的限制，以及不容易辨识等原因给用户带来了操作上的困难。所以，就需要一种能够满足国际上通用需要的视觉传达手段——图标。这种更加直观、易懂的新型表达方式应运而生，著名设计师苏珊·卡勒（Susan Kare）为苹果公司设计的图标操作系统可以算是最早的图标设计。由于当时计算机的图像是黑白像素组成的小网格，图标在表达形式上不可避免受到了像素网格制约，但是并不影响它成为冰冷的计算机与使用者之间的桥梁，给计算机使用者在操作方面带来了便利和支持。现在，黑白像素网格已经发展成了百万像素网格，图标的形式也呈现出不一样的感觉。

3.图标整体设计及应用分析

（1）计算机操作系统中图标的整体设计

图标所处的环境相对图示来说，更加的具体和单一，因为图标主要出现在计算机、手机数控设备以及其他数码媒介的用户界面上。随着人们审美水平的普遍提高，图标设计也在不断推陈出新。无论是计算机操作系统还是各种软件中的图标设计都越来越精美和富有想象力。从可用性的角度来看，并不是图标设计越花哨就越容易被用户接受，因为过度精细或者复杂的纹理反而会分散使用者的注意力，使其需要花更长的时间来处理图标想要传达的信息，从而降低图标本身的可识别性，适合图标所处环境的设计才是真正的好设计。目前常用的计算机操作系统有window XP系统，vista系统，苹果电脑iMac系统等。

（2）网页中图标整体设计的应用分析

随着社会信息化的不断推进，网络渗透到都市居民工作和生活的每一个角落。通过调查得出这样的结论：人们查看网页的方式已经由阅读式变成了扫读式，也就是说人们的视线不会首先关注大段的文字，而是根据页面中活跃元素对其视线的吸引程度来决定是否继续停留在该页面，网页中的活跃元素包括了图标、图片以及优秀的版式等。其中图标是一个既简单又有效的吸引用户的方式。网页中的图标多为导航性图标，它能帮助浏览者进入网站的任何不同的区域，通常这类图标都带有链接，点击图标后会打开相关的页面。

还有一种网页图标属于状态类图标，用来表示网站中某种特定变量的状态。例如购物网站中卖家、买家的等级用五角星图标和皇冠图标来表示，或用图标的形象感描述文字信息等。使用图标是为了帮助人们更有效地吸收和处理信息，更好地丰富内容，而不是削弱或者取代网页内容。对比可以发现，每个信息内容的标题前方添加一个图标的网页要比没有图标的网页更利于人们视线捕捉到信息，页面呈现的效果也更加清晰和丰富。

（3）软件中图标整体设计的应用分析

软件中的图标多为操作命令式图标，即点击图标会执行一种命令，如图2-51所示，Office办公软件界面中的操作图标，图标从左到右分别代表了新建空白文档、打开、保存、自由访问的权限、电子邮件、打印、打印预览、检查拼写和用语、剪切、复制、粘贴、撤销键入、插入超链接、插入表格、插入Microsoft Excel工作表命令。聊天工具成为网络用户的必备软件。聊天软件通常拥有小巧的用户界面，这就要求不能有太多的文字，这种情况下图标的设计和合理运用就成为其主要的考虑因素。其中，表情图标让图标的娱乐性有了更加淋漓尽致的表现。

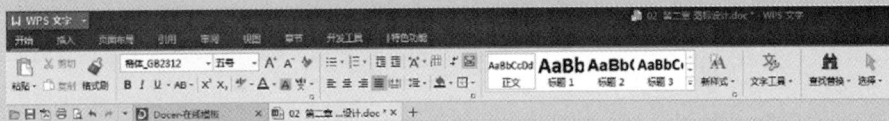

图2-51　Office办公软件界面中的操作图标

4.图形语言的合理运用

（1）运用抽象图形和意象图形

作为沟通手段，图形语言是一种跨越国界的语言，它克服了不同地域因为人类语言差异而带来的许多沟通交流上的障碍。图形语言和文字语言相比，无论是从传播速度还是从承载的信息量来说，都远远优于文字信息的传播。

（2）鲜明而独特的色彩效果可提高视觉的可识别性

全球化进程的加快，人们跨国间的交流也更频繁，联合国一个专门机构为了统一全世界的交通图标，调查了现有的交通图标制度，根据调查结果进行试验得出色彩方面的统一标准：红色用于表示禁止、规定等含义，黄色用于表示警告等含义，蓝色用于表示提示等含义，绿色用于表示安全、解救、通行等含义。为了更好达到图标整体设计的目标，强调色彩的一致。这里并不是要求一组图形都使用一种颜色，而是在根据图形表达含义的不同，在结合自然环境和人文环境特点的同时，选择一种或两种颜色作为整组图形的主色调，部分图形的特殊细节可以使用少许其他颜色以示区别。

（3）隐喻性影响着图形语言与信息之间的表达

图形符号从设计完成到被完全接受，经历设计师的初次艺术加工和受众的二次理解两个过程共同完成。受众的二次理解是需要其去联想、去体味图形符号要表达的含义的。也许由于人类思维本身具有隐秘性以及图形语言的隐喻性，决定了受众在调用自己的文化背景、知识结构和创造能力解读图形时，需要透过图形去发现和感悟图形语言背后所传递的潜在含义，并且随着对其意义的深入理解而逐步加深认识，从开始不太明白到逐渐明白其中的真意，直至与设计者产生情感上的共鸣，在获取信息的同时获得了美的愉悦和享受。图形语言与所表达信息之间的关系被称为"隐喻"，也可以是映射关系。它需要运用象征、比喻或联想等手法表达不同形象之间的关系与含义，让受众在解读图形语意过程中了解它丰富的内涵。

第五节　主图标设计

图标在计算机图形交互界面中的应用范围十分广泛，它具有提高用户的工作效率、表示视觉和空间概念、节省空间、加快搜索速度、用于快速识别并有利于界面的标准化和规范化等作用。因此，设计图标已成为开发软件的一个重要组成部分。

一、主图标设计的意义

主图标设计是界面设计的重要组成部分，用于提示与强调，使产品的功能具象化，更容易理解，使产品的人机界面更具有吸引力，富含娱乐性，形成产品的统一特征，给用户以信赖感，便于功能的记忆，创造差异化、个性化的美，强化装饰性作用，图标设计是一种艺术创作，能提高产品的效果，图标设计的表现方式灵活自由，可以传达不同的产品理念，图标设计是在屏幕上展示产品的最佳方式。图标应明确表达它所蕴含的软件功能，易于被用户识别，被用户搜索以及被用户的输入设备所激活。

二、主图标设计原则

为了使主图标能表达确定对象的信息，对主图标进行设计，一般遵循以下原则。

①设计图标尽可能简单、精美、直观、生动，尽量符合常规的表达习惯，不同的图标之间应相互区别。

②使图标逼真于目标形状，并且要准确、易识别、易理解，只要有可能，应尽量避免抽象图形，使人们可以快速准确地识别图标。

③鉴于用户的学习和记忆能力有限，为了避免引起混淆，一个系统的图标类型不宜过多，一般不超过20种。

④不同的目标必须使用不同的图标表示，以避免引起混淆。如果仅使用图形表示目标的含义还不够清楚明确，可以在图标中加入简要的文本说明，以明确图标的含义。

⑤一般为图标设置一个清晰的边界轮廓以利于区分图标的对象。

⑥适当设置图标的尺寸。在能够表示实体对象的情况下，图标小一些为好，以减少图标所占用的内存空间及显示空间。但如果要表示复杂对象，则可以使用尺寸较大的图标，但在同一系统中使用的图标应有一致的图像尺寸。

三、图标表达信息的方式

信息是图标所要表达的内容。在选择图标时，应选择那些与所表达的内容有直接相关含义的图标，这样易于理解和识别。通常用图标表达信息的方法有如下几种。

1.直接对象表达方式

直接对象表达方式是直接用实际对象的图形表达图标所表示的功能，它是最简单并且效果较好的信息表达方法。如果对象是人们所熟悉的实物，那么就可以直接用实物来表达。例如，设计磁盘时图标用磁盘的外形即可，打印管理器的图标就采用打印机外形表示。

2.操作过程表达方式

这也就是用操作过程的图形来表示操作功能，如Microsoft Word中的"撤销上一次操作命令"的图标等。

3.符号标识

图标可以包含字母、文字、算术符号等，这些符号标识有助于用户读懂图标，并熟悉这些符号所代表的重要信息。

4.几何元素

几何元素在图标的信息交流中有很大的用途。它们可以表现其自身的几何概念、视觉特性及抽象内容，所有图形最终都能分解为简单的几何元素——点、线、面。

四、图标的风格

一旦决定了图标所要表达的内容，就要确定它的风格。风格一般指图标的绘制和图标所采用的颜色。

1.图标绘制

在图标的绘制中，一般可采用三种不同的写实和详细程度来绘制图标：简化绘画、漫画、轮廓画。这三种风格各有各的特色，但在绘制图标时，要把各种风格都绘制在一套图标中是有难度的，最好的方法是选择一种基本风格并将其用于绘制该套图标中的大部分对象。

最常见的图标绘制风格就是简化绘画。这种风格的特点是具有清晰的轮廓和有特色的内部细节，它适用于需要对特定细节进行识别的复杂对象。

漫画风格的图标对重要细节进行夸张。与简化风格的不同之处在于常用于唤起对图标中重要特色的注意，可对小的元素放大或减少重复元素的数量，简化了复杂的细节。

轮廓线控制风格用以更低的简化程度，刻画对象主要内部细节。当用小图标表达熟悉对象时，用省略内部细节和简化外部轮廓的图标，来表示抽象的范畴。

2.图标的颜色

在设计图标时，颜色会起到正反两方面的作用。图标颜色使用得当时，可以正确地传递信息，否则会使信息混淆不清。通常在图标中使用颜色表达某一目的，主要起到以下作用。

（1）吸引用户

有时用户偏爱彩色图标，他们认为彩色图标可以更好地表现内容，而且可以降低眼睛的紧张感和不适感。

（2）加强注意

颜色能确保用户注意重要的图标或图标中的细节。

（3）帮助识别

彩色图标有助于用户辨别和理解复杂的图标内容，可以更快更正确地作出决定。

在设计图标时，有时为了追求形式上的美感而在图标功能上作出让步，这是不可取的。对图标来说，形式必须服从功能。当达到这个功能目的时，往往能达到较好的视觉效果。需要指出的是与图标最为贴切的隐喻应该是人们的习惯。前人设计了大量的图标，有不少已经成为大家习惯认知的一部分。所以一个界面的设计者在设计图标时要特别谨慎，除非找不到现有的图标，才会自己进行原创性的设计。

3.图标的类型

图标就是一个符号，一个代表某个对象的符号，一个象征性的符号。

（1）基于功能来划分图标类型

①解释图标：这些图标是在阐明信息的图标类型。它们是用来解释和阐明特定功能或者内容类别的视觉标记，如图2-52所示的解释图标。

②交互图标：在UI中不止是展示作用，还会参与用户交互，是导航系统不可或缺的组成部分。可以被点击并随之响应，帮助用户执行特定的操作，触发相应的功能。同时，交互图标在界面设计中不仅是某个对象和概念的视觉符号，还是交互操作的关键部件，是导航系统不可或缺的组成部分，如图2-53所示的交互图标设计。

③装饰和娱乐图标：常用来提升整个界面的美感和视觉体验，并不具备明显的功能性。装饰和娱乐图标迎合了目标受众的偏好与期望，具备有特定风格的外观，并且提升了整个设计的可靠性和可信度。更准确地说，这些装饰性的图标不仅可以吸引并留住用户，可以让整个用户体验更加积极，如图2-54所示的装饰图标设计。

④应用图标：是不同数字产品在各个操作系统平台上的入口和品牌展示用的标识，它是这个数字产品的身份象征，如图2-55所示的应用图标设计。

图2-52　解释图标　　　　　　　　图2-53　交互图标　　　　　　　图2-54　装饰图标

图2-55　应用图标设计

⑤Favicon：也被称为URL（Uniform Resource Locator）图标是网页在网页标签中显示的识别性小图标，同样代表着网页，是用户在网页和浏览器当中快速定位的视觉识别标识，在网页的宣传和推广以及视觉识别上都有重要的意义。

（2）基于视觉特征来划分的图标类型

①字符图标：包含字母、数字和标点符号，图形中所涵盖的内容更加丰富。字符图标使用简化和通用的图形，当用户在使用它们时，拥有足够的识别度和灵活的适用场景。

②扁平和半扁平图标：扁平化的图标设计比起字符图标复杂得多。其中，增加了色彩和其他元素的填充，比起近乎由轮廓和笔画构成的字符图标，明显要高一个维度。然而和前者一样，扁平的图标同样专注于清晰而直观的视觉信息传达，为用户提供一目了然的视觉内容。扁平化的图标设计最突出的功能也就在此，其在二维平面上，不借助复杂的纹理和阴影来明了地、视觉化地传达信息的特点，和拟物化图标正好相对。

半扁平图标是扁平化设计的演进，融合轻量立体效果。通过微渐变、浅阴影或

游戏界面设计

极简层次打破纯扁平的单调，保留简洁轮廓的同时增添视觉深度。既延续现代感，又通过细节提升辨识度与操作引导性，广泛应用于移动端与数字界面，平衡了功能性与美学表达。

③拟物图标：拟物图标是扁平化图标的对立面，拟物化图标设计师常说它就是"抄现实"，尽量将现实世界中的形状、纹理、光影都融入整个图标的设计，拟真是它的特点。拟物化图标的设计趋势几乎是跟随着苹果公司Mac计算机的诞生和进化一步一步走过来，走到极致，然后从UI设计领域开始，被扁平化设计所替代的。不过，拟物化图标现在依然广泛地运用在不同领域，尤其是游戏设计和游戏类产品的图标设计中。

④SVG（Scalable Vector Graphics）图标：SVG图标在很大程度上降低了跨平台、跨屏幕设计显示上的兼容性问题，在网页设计、移动应用开发等领域SVG图标被大量使用。

（3）基于图像隐喻来划分的图标类型

①相似图标：相似图标是将现实世界中的物理实体符号化，这种设计最典型的就是用于搜索的放大镜图标、购物车图标、邮件图标等。

②参考图标：参考图标是使用类比对象的方式来设计的图标，如压缩和解压类的工具图标，常常会使用包、拉链这样的意象来传递出概念。

③随意式图标：这类图标的设计和其功能、含义并没有关联，它们本身并不传递出功能性的含义，依靠的是用户长时间的查看、使用，逐步习惯来熟悉其中的含义。现在许多界面当中的"保存"按钮采用的是软盘的图标，但是软盘实际上早已退出历史舞台，许多用户甚至都不知道软盘的存在，但是用户会在长时间的使用过程中了解它的功能，并且在大脑中形成这样的概念。

🐜 小贴士

图标设计的分类

①从造型方面分类，图标设计分为像素图标、2D剪影图标、3D立体图标、写实拟物图标、扁平化图标等。

②从风格表现方面分类，图标设计主要分为线性表现图标、填充表现图标、单色表现图标、扁平化表现图标、手绘风格表现图标和拟物化表现图标

六种。

③从应用方面分类，图标设计分为硬件界面中的图标设计和软件界面中的图标设计。

④从思维逻辑方面分类，图标设计分为象形图标设计和表意图标设计。象形图标设计师通过其相似性或对物理对象的引用来传达含义的符号。一般象形图标与表意图标会组合使用来传达正确的信息，如"添加文档"图标会通过象形图标的【文档】和表意图标【+】来展现。

五、图标设计的规范方法

1.像素对齐

为什么有的图标总是模糊的呢？因为像素没有对齐，如图2-56所示，图片背景的网格就是我们所说的像素网格，标明点是想告诉大家，第一条竖线做到了像素对齐，而第二条竖线没有做到。我们没有看到二者的区别，是因为现在是在矢量图形的环境下显示的，如果导出来图片就会变得明显，这就是图标发

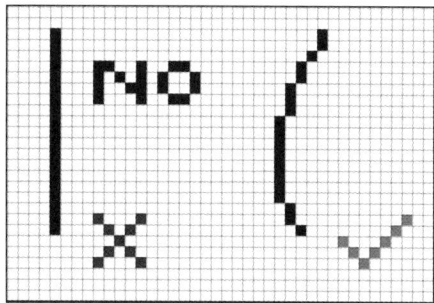

图2-56　像素网格

虚的原因，即没有严格地做到像素对齐。尤其是在做较小尺寸的图标时，如不严格遵循像素对齐，最终的显示效果就会出现问题，如图2-57所示的图片严格做到像素对齐后所显示的结果。

2.使用布尔运算

在做图标时，能用基本图形进行布尔运算，就尽量不使用钢笔，这样做的优点是图标更加规范、对图形结构理解更加深刻、后期更改形状更加方便。如图2-58所示图标，如果使用钢笔直接去画，其实很难画的规范，而且后期调整也很麻烦，最正确的方法就是思考图标结构，思考其外形是否可以使用基本图形进行组合来实现，在经过思考与尝试后，我们会发现，其实此图标是用一个圆形和三个矩形组合而成的，如图2-59所示的布尔运算图标。

图2-57　像素对齐图片　　　图2-58　图标示例　　　图2-59　布尔运算图标

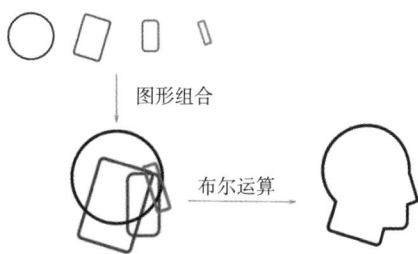

3.独特的风格

在做系列图标的时候，一定要在前期给图标设定一个风格及原则，使之看起来与众不同，如图2-60所示的图标一眼看上去就可以看出上示图标的特点，即线条是断开的、所有的图标都是一笔画出来的，这些都可以让你的图标变得与众不同。再比如也可以从颜色上做文章。

其实方法还有很多，可以多多尝试与创新。在这里值得一提就是，在做线性图标时，一定要保证描边粗细相同、圆角相同，如果这些基础的规则都没有遵循，那也就谈不上风格的统一、创新（图2-61）。

信号　时间　娱乐　地图

图2-60　线性图标一

图2-61　线性图标二

4.视觉大小统一

如图2-62所示的几何图形，同样都是44×44px尺寸的形状，方形比圆形视觉效果大一些，即虽然我们统一了物理尺寸，但是在视觉大小上没有进行统一。

图2-62　几何图形

在进行图标设计的时候，我们会使用栅格辅助线来规范图标大小，但一定不要被辅助线困住，要学会灵活运用，保持视觉上的大小统一。如图2-63所示的英文字体的例子，虽然在设计的时候，使用了辅助线，但是设计者并没有被辅助线所束缚，为了达到视觉大小的统一，将曲线字母进行了适当的放大，这样

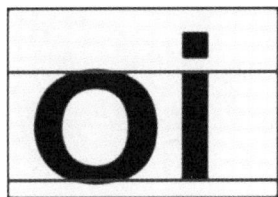

图2-63　英文字体

图标的整体看起来才会和谐稳固。

设计图标的时候也是一样，不仅仅是图标的大小，包括元素与元素的距离、正形与负形的比例等都是我们需要考虑的内容。

【案例】

游戏系统的基本设置

游戏系统决定游戏的基本玩法类型，如角色扮演、动作、策略、益智等。游戏系统的基本设置要素包括，给谁玩——游戏定位的最根本考虑要素；玩什么——打斗带来的刺激，或解迷带来的快感等；如何玩——告诉玩家怎样才能让游戏可以顺利地进行下去。

案例分析

将游戏定位为一个普通的玩家以射击的方式表现游戏的刺激感，以取得更高的分数与飞机操控的流畅感为主轴定义，玩家控制一台小飞机在游戏画面中四处飞行，当小飞机遇上敌机时，小飞机可以将敌机打落，而某些被打落的敌机会掉下加强小飞机功能的物品，如图2-64所示的流程图。

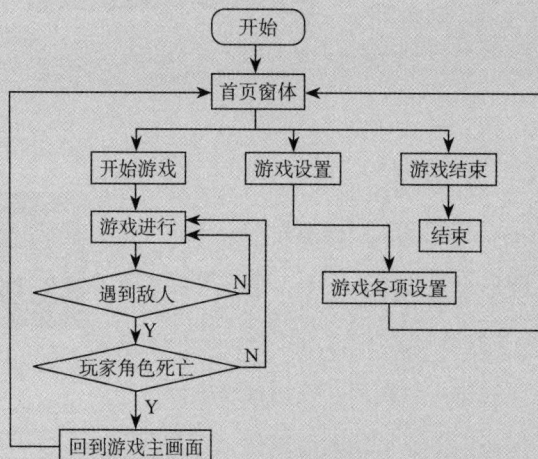

图2-64　流程图

第三章

游戏界面构成原理与布局

【引入】

游戏环境界面

对于一款游戏来说，最直接与玩家沟通的画面是游戏中的环境接口。接口的主要功能是让玩家可以使用游戏所提供的命令或者游戏信息。一个游戏环境接口的好坏可以直接影响玩家玩游戏的心情，因此，对游戏接口的设置应十分重视。总之，游戏的好玩与否，是可以靠游戏的界面来牵引调整的。

1.容易被干扰的界面

一款游戏最应避免的是它的环境界面干扰到玩家所操控的平台。一套游戏的环境界面采用实时框架来呈现时，如果这种环境界面的框架经常会挡住玩家主角的操作，使玩家所操作的游戏主角时常因为被环境界面"挡道"而导致玩家角色任务的失败，那么即使实时对话框的构思很不错，它也不会对游戏的故事剧情有所帮助，而且它还会使玩家对游戏产生反感。

2.人性化界面

界面的功能是一种介于游戏与玩家之间的沟通渠道，如果它的人性化考虑越多，玩家就会越容易与游戏沟通。例如，当我们选中敌方部队时，游戏界面会出现"攻击"的指令图标；而当我们选择地图上某一个地方时，游戏界面上则会出现"移动"的指令图标。游戏中的指令图标都具有其各自的意义，使得整个画面看起来相当简单。

3.透明化界面

透明化界面指透明化的环境界面。在游戏中，看不到任何窗体、按钮或菜单，而是利用鼠标的滑动方式来下达"补助指令"。其实"补助指令"就是除了"捡拾物品""丢掉物品"或"选择人物"外的功能指令。

4.输入装置的搭配

从早期的游戏来看，不难发现游戏主要的输入工具不是键盘就是鼠标，甚至有些游戏会做到鼠标是一种控制模式，同时加入键盘为另一种控制模式，而且这两者互不相关。这么复杂的输入环境不但令玩家非常的困扰，而且键盘的搭配又不容易记忆，导致游戏的可玩性不高。总结一句话，如果没有人性化的输入控制机制，就算游戏有再华丽的画面，故事题材再怎么动人可能都会功亏一篑。游戏的互动性可以直接影响到玩家们对于游戏品质的评判，只有集合丰富的题材、动人的故事、紧凑的剧情、悬念的内容以及视觉上和听觉上所能够感染玩家的气氛等因素，才能成功地完成一套脍炙人口的好游戏。

第一节　主界面布局设计

一款游戏的建立是由它的主题拓展而来的，主题是贯穿游戏的整体架构，而且设计出来的游戏主题也可以从玩家的角度演化出许多变化。以玩家的观点来看，一款游戏的故事剧情被想象成不可预知的，我们只能以自己的角度来编写游戏的故事，而故事发展的精彩与否就必须取决于玩家的想象力了。我们发现美丽且有悬念故事的剧情是最吸引玩家的，美丽的故事让玩家可以感受到游戏中人物的情绪变化；有悬念的剧情让玩家可以感受到游戏的曲折迷离带来的紧绷心情。

一、界面设计概述

许多人将游戏设计当作一门艺术，认为只有少数有天分的人，才能用创意来作画。他们认为游戏业界的艺术家为游戏带来愿景与原创性却忽略或者根本不知道，真正的游戏设计过程是多么漫长。其他人把游戏设计完全视为一种科学研究方法。他们专心于方法研究，以决定游戏中的最佳规则，用精巧的方法平衡一个复杂的游戏。对这些人来说，游戏设计是一套技术，也是一连串思考的程序。

1.界面设计定义

游戏界面设计是个很年轻的领域，需要大力发掘。与游戏相比，电影产业甚至广告产业对气氛与情绪的掌握比游戏设计师更优。更重要的是，他们知道怎样让技术更有效地发挥作用。

以麦当劳为例，你可曾想过他们店面风格、宣传设计为何总是采用红黄色的主题？心理学报告指出，黄色会增加感官上的饥饿程度，红色则会让人增加对饥饿的担忧与食物的需求，使得客户会多点一些食物并且吃得更快，然后离开。对于游戏界面设计师而言，考虑人类互动的方式以及潜意识对人造成的影响非常有用。了解这件事情与其他的各种事物，可让游戏设计提高到新的层次，创造出更丰富、更微妙而且更好的游戏。

游戏界面设计在制作优秀游戏作品中发挥着无比重要的作用，要成为优秀的设计师也非易事。游戏界面设计虽然是一种创造性活动，设计师需要具备可以幻想出新奇世界，添加各种神奇物件的能力，但仍应分析出许多实际原则。当一个人完全了解游戏设计的技术，其想象力就可以毫无阻碍地组织起来。界面设计是定义人与界面之间交互方式和行为的设计领域，主要探索如何让产品的界面更加易用，如何为用户提供最佳的体验，让用户能够更高效地完成任务。优秀的用户界面不仅简单、美观，操作便捷、易懂，还可以提高用户体验，满足用户的个性化需求。

（1）UCD

UCD（User Centered Design，用户优先的设计模式）是以用户为中心的设计方法，在用户体验设计领域的运用最为广泛，在产品设计、开发、维护的过程中从用户的需求和感受出发，避免让用户去适应产品，如图3-1所示。

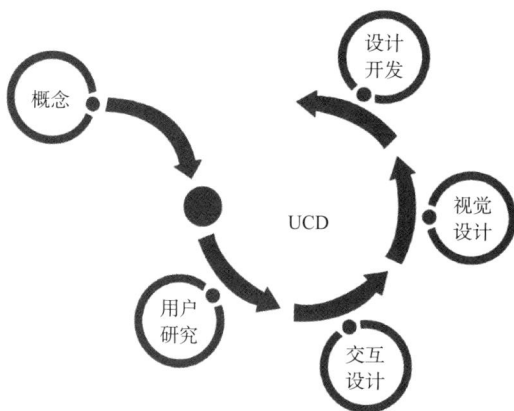

图3-1 UCD设计模式

（2）UE

UE（User Experience，用户体验）指用户体验设计，主要是指用户和人机界面的交互过程，是用户在使用某个产品的过程中建立起来的心理感受。

（3）GUI

GUI（Graphical User Interface，图形用户界面）指视觉界面设计，视觉界面是用户最终看到的界面，设计的内容包括图标、颜色、布局、切图等。

2.界面设计流程

界面设计流程在不同的企业、不同的设计团队、不同的设计项目中可能不完全相同，但是总体的流程基本一致，如图3-2所示为界面设计一般流程。

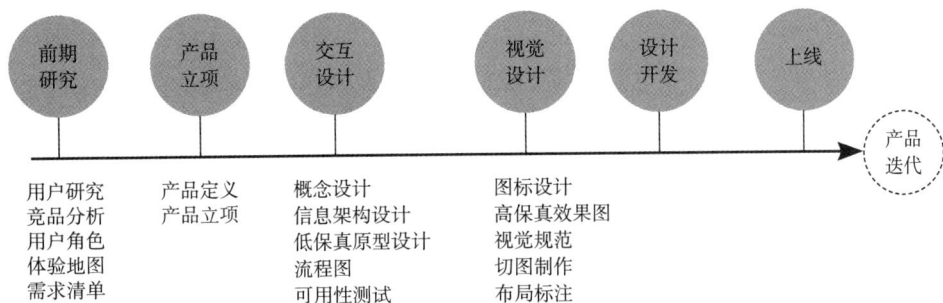

图3-2　界面设计一般流程

3.界面设计团队

用户体验设计团队的成员构成基本一致，主要包括用户研究员、信息架构设计师、交互设计师、视觉交互设计师、软件开发人员等。有些团队还包括需求设计师、运营人员、市场人员等，如图3-3所示界面设计一般流程所包括的人员。

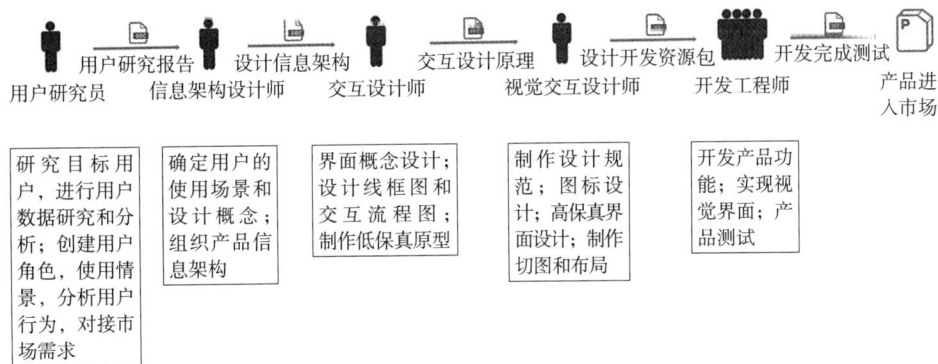

图3-3　界面设计一般流程所包括的人员

二、界面设计目标

信息系统专家詹妮·普瑞斯（Jenny Preece）等人编著的《交互设计：超越人机交互》中提出交互设计有两个基本目标，即可用性目标和用户体验目标。

1.可用性目标

（1）可用性目标的定义

可用性（Usability）是衡量交互产品界面设计的重要质量指标，包括界面设计的很多方面，反映用户在使用产品的整个过程中是否能够顺利完成任务，一个产品可以使特定的用户在特定的境况中有效、高效并且满意地达成特定目标的程度。它是产品可靠性、维修性和维修保障性的综合反映。雅各布·尼尔森（Jakob Nielsen）说："可用性是关于某种东西是否容易使用的一种质量属性。更准确地说，它指的是人们能够多快地学会使用一种东西，在使用它的时候效率如何，它的使用方法是否容易被记住，使用时是否容易出错，以及用户是否喜欢使用它。如果人们无法使用或不愿使用某个功能，那么该功能还不如不存在。"可用性领域的专家斯蒂夫·海姆（Steven Heim）在其著作《和谐界面：交互设计基础》中将界面设计的可用性目标分解成：可理解性、可学习性、有效性、效率。

（2）可用性设计原则

可用性设计原则包括简洁性、易于学习、一致性、提供反馈与容错性。

①简洁性：指在有限的屏幕尺寸内实现产品的功能，同时满足用户操作的流畅、高效，在功能、操作、视觉等各个方面做到化繁为简。

②易于学习：指当用户操作界面的时候，能够快速理解界面传达的信息，并调动自身经验进行操作，如果在这个过程中遇到问题，也能够通过思维和学习快速解决。除此以外，还需减少用户记忆负担。如果界面设计为用户提供的信息超过了用户可以接受的范围，就会给用户带来记忆负担，同时影响用户操作的效率和有效性。

③一致性：指不仅包括功能信息设计、交互方式等操作方面的一致性，还包括视觉层面的一致性，如颜色、字体、控件大小和位置等每个细节的设计。

④提供反馈：指对用户的操作及时响应并以清晰的方式传达给用户，使用户清楚地知道自己的操作是否有效、操作的结果如何以及交互的状态和进度等。

⑤容错性：指在与界面交互的过程中，用户出现问题和错误操作在所难免，要让用户知道是哪里出了问题，下一步应该怎么办，如何解决问题和挽回错误，即为用户提供问题的解决方案。

2.用户体验目标

（1）用户体验的定义

用户体验源于交互设计领域，指用户在使用产品或服务时所形成的包括生理和心理在内的全部体验和感受。用户体验的目标是不断达到有用、易用、好用、爱用四个阶段，如图3-4所示用户体验目标的四个阶段。

（2）用户体验层次

用户体验层次从战略层到表现层递进：战略层定义产品目标与用户需求；范围层界定功能内容边界；结构层设计信息架构与交互流程；框架层布局界面与导航；表现层呈现视觉设计。

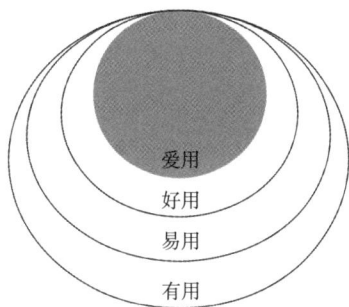

图3-4 用户体验目标的四个阶段

各层紧密关联，共同构建用户从抽象需求到具体感知的完整体验路径，如图3-5所示。

（3）用户体验要素模型

目前业界认可的最经典的用户体验要素模型是由杰西·詹姆斯·加瑞特（Jesse James Garrett）提出来的，他在模型中提到了用户体验的五要素，如图3-6所示。

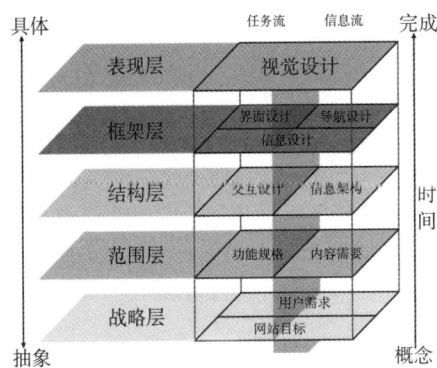

图3-5 用户体验层次

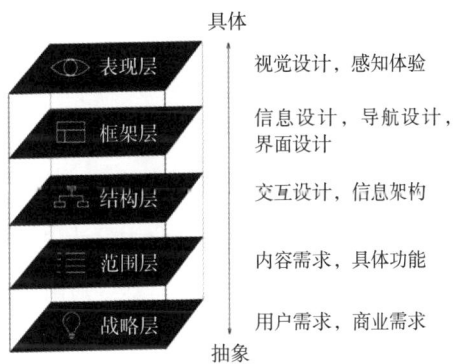

图3-6 用户体验要素模型

（4）提高用户体验的方法

①不需要用户思考。产品只有做到不需要用户琢磨思考，才能提升产品的用户体验。如果一个产品在用户第一次接触时，很难上手进行操作，那么这个产品给用户的第一印象就不够好，也许用户就不会选择再次使用了。

②增加产品的趣味性。界面设计若在满足用户需求的同时适当地加入趣味性的设计，就会给用户带来意想不到的效果，如支付宝和淘宝的趣味小游戏。

③给用户意外的惊喜。给用户意外的惊喜也十分重要，如QQ邮箱忘记添加附件

时的提示设计。

④帮助用户探索和尝试。产品在满足用户基础需求以后，还需要提高用户黏性，把用户留住。为用户提供可以不断探索和尝试的挑战，使其不断获得新鲜感是提高黏性和用户体验的有效途径，如图3-7所示，马西米尼（Massimini）和卡里（Carli）的沉浸体验模型。

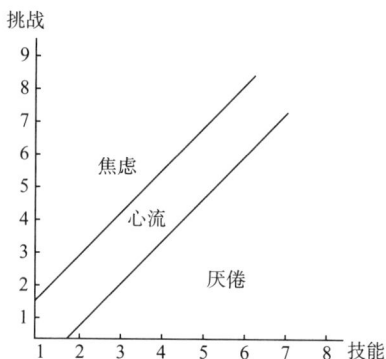

图3-7 马西米尼和卡里的沉浸体验模型

三、界面设计

1.界面设计方法

（1）用户模拟设计法

用户模拟设计法要求设计师通过用户调研，研究用户最根本的需求，设身处地的换位思考，在不同情境中模拟用户使用环境，并将灵感与问题记录下来，再回归到设计师本身为用户解决问题。

（2）目标导向设计法

所谓目标导向，就是做任何事之前先明确目标，然后把目标拆解成可具体执行的子目标，再把子目标转化为设计中的要点。在界面设计中，设计目标主要分为产品目标和用户目标。产品目标一般由产品经理提出，也可以由设计师提出。

（3）"头脑风暴"设计法

"头脑风暴"设计法是由美国创造学家A.F.奥斯本（Alex Faickney Osbom）提出的一种激发创造性思维的方法。在运用"头脑风暴"设计法时，要突破自己的思维定式，寻求更新或更多的想法，并不断拓展、延伸，选取最佳的设计方案。

2.界面设计元素

（1）文字

文字是信息内容的载体，是记录思想、交流思想、承载语言的符号。它一方面向用户清晰、准确地传达信息；另一方面，作为界面设计三大元素之一，与图片、图形共同构成界面，形成画面美感。优秀的文字设计还可以向用户传达情感。

①字体。字体选择需根据品牌特性或界面功能而定。在不同的界面搭载设备上，选用的字体也不相同。常用的中文字体有黑体、宋体、楷体、等线体等。常用的英文字体有无衬线体、衬线体、意大利斜体、手写体等。

②字号。字号大小决定了信息的层级和主次关系。合理、有序的字号设置能让界面信息清晰易读、层次分明；相反，糟糕、无序的字号设置会让界面混乱不堪，影响阅读体验。最常用的描述字号大小的单位有em和px两种，通常认为em是相对大小单位，px是绝对大小单位。

px是像素单位，16px表示16个像素大小，常用来表示电子设备中的字号；em是相对大小单位，表示的字号大小不固定，根据基础文字大小进行相对大小处理。如果默认的字号大小为16px，对一段文字规定使用1em，那么表现出来的就是16px，2em就是32px。

移动端一般根据文字的不同位置、不同功能来选择不同字号大小，导航主标题字号通常为40px~42px，正文通常为36px或32px，副文案为26px，小字为20px。

计算机端字号一般选用宋体12px或14px，大号字体选用黑体或微软雅黑，字号可选18px、20px、26px、30px。行间距一般为字号的1.5~1.8倍。

（2）图片

首先，图片的比例不同，向用户传达的信息与情感也有所不同。常用的图片比例有1:1、3:4、16:9、16:10等。图片的比例没有固定的要求，可根据产品内容或功能需求进行调整。

其次，图片的位置与面积。如某品牌网站界面将图片填充于整个横幅广告中，带给用户强烈的视觉冲击力。扩大图片面积能让界面产生更强烈的视觉震撼，面积较小的图片会给人以精致的感觉。图片与文字相结合，在有限的空间内可为用户提供更多的信息。同级图片安置于相同位置水平排列，使画面具有平衡性、秩序性。在界面设计中，更多的时候需要将大小不同的图片相结合，通过图片大小向用户传达界面主次关系，常以大图突出主体内容，以小图介绍分类信息。

最后，图片与文字的组合。在界面设计中，图片与文字的组合是多种多样的，不同形式的图文组合能带给用户不同的感觉。文字穿插在图片中可以增加界面的层次感和立体感，增强界面的现代性和科技性。

（3）图形

图标是界面设计中图形元素的体现。一般来说，用户可以操作的图标均为功能型图标。功能型图标主要用于帮助用户达成某种交互目标或完成某些交互任务。展示型图标多用于展现产品特性、风格或宣传企业品牌，如手机界面图标，是独特的、有内涵的且具有辨识度的。

版式图形多用于辅助界面版式设计，借助图形对界面进行层级处理、画面切割等。如每日故宫App界面，利用规则图形对不同尺寸的图片进行规范，并且有序排列，重新组合为新的图形，给人一种稳定、祥和、有序的感觉。

3.界面设计色彩搭配

色彩是绝大多数设计给用户传递的最显著的视觉元素之一，是艺术表现的要素之一。用户对不同的色彩有着不同的感受和体验。色彩不是越多越好。通常在配色方案中，色彩数量要控制在三种左右。

（1）色彩基础知识

①色彩的概念。色彩是指光从物体反射到人的眼睛所引起的一种视觉心理感受。色彩按字面含义理解可分为色和彩。色是指人对进入眼睛的光传至大脑时所产生的感觉；彩则是多色的意思，是人对光变化的理解。

②原色、间色、复色。原色又叫作三原色、一次性色。三原色分为两大类：光的三原色和颜料的三原色。光的三原色为红、绿、蓝；颜料的三原色为红、黄、蓝。三原色是所有色彩的基础色，可以调配出多种色相的色彩。间色是由两个原色混合得出的色彩，如黄色与蓝色等量调配可得出绿色，蓝色与红色等量调配可得出紫色。复色是将两个间色或一个原色与相对应的间色相混合得出的色彩。复色包含三原色的成分，是纯度较低的含灰色彩。

③色彩三要素。色彩的基本属性包括色相、纯度、明度。这三个色彩特性称为色彩三要素。色相指色彩的相貌，是色彩最显著的特征。它是不同波长的色彩被感觉的结果。光谱上的红、橙、黄、绿、青、蓝、紫就是七种不同的基本色相。黑、白及各种明度的灰为无彩色，不具有色相属性。明度指色彩的明暗、深浅程度的差别，取决于反射光的强弱。明度包括两个含义：一是指一种颜色本身的明与暗，二是指不同色相之间存在着明与暗的差别。纯度又称饱和度，指色彩的纯净度。原色的纯度最高，原色在色彩中所占的比例不同，会产生不同的色彩纯度。

④色相环与色彩的相互关系。色彩的三属性就如同音乐中的音阶一般，可以利

用它们来维持繁多色彩之间的秩序，形成一个既容易理解又方便使用的色彩体系。所有的色彩可排成一个环形，这种色相的环状排列叫作"色相环"。

（2）色彩搭配原则

色彩在视觉传达中往往随着某种情感或含义，如红色代表热烈、喜庆、警示、黄色代表信心、希望、快乐，绿色代表健康、环保、希望等。在界面设计中，用户对产品的第一印象常常取决于界面的颜色或图形，若设计中的色彩使用得恰到好处，就可以吸引用户，增加产品浏览量，与用户建立良好的关系。

①色彩协调统一原则：同一产品或同一类型的窗口应使用同一种配色方案，根据品牌形象与产品属性选择恰当的色调。当然，统一并不代表只能有一种颜色，可以通过调整明度、纯度或小面积使用对比色等方法来丰富画面效果。

②有重点色原则：配色时，可以选取一种颜色作为整个界面的重点色，使之成为界面的焦点。重点色通常起到提醒、标记、警告等作用。

③色彩平衡原则：整个界面在配色时最好使用三种以内的基色，以获得更好的视觉效果。在设计中要保持色彩平衡，使用的颜色越多，越难保持平衡。

④色彩调和原则：在选用对比色、互补色进行界面设计时，要在明度、纯度上进行调整，使几种色彩相融合。

4.界面设计原则

（1）简易性

简易的界面有利于用户了解和使用，并能降低用户做出错误选择的可能性。

（2）记忆负担最小化

在设计界面时要考虑到人类大脑处理信息的限度。人类的短期记忆极不稳定且有限，24小时内存在25%的遗忘率。所以对用户来说，浏览信息要比记忆更容易。

（3）一致性

一致性是每一个优秀界面都具备的特点。界面的结构必须清晰且一致，风格必须与产品内容相一致。

（4）用户使用习惯

界面应方便用户通过已掌握的知识来操作，不应超出常识。界面的视觉呈现应便于用户理解和使用。

（5）安全性与人性化

界面应能让用户自由做出选择，且所有选择都应是可逆的。在用户做出危险的选择时，要有系统提示。高效率和用户满意度是人性化的体现。产品应具备专家级和初学者系统，即用户可依据自己的习惯定制界面，并能保存设置。

（6）灵活性

灵活性简单来说就是要让用户更方便地使用，且兼具互动多重性，不局限于单一的工具（如鼠标、键盘、手柄等）。

5.常见界面设计风格

随着科技和设备的飞速发展，界面设计风格也变得多元化。不同的风格让界面看起来灵活多变。常见的界面设计风格有扁平化、拟物化、立体化。

（1）扁平化

扁平化设计是随着移动端的发展而出现和流行的，是指在狭小的操作视图屏幕中，删繁就简，弱化材质、渐变、阴影，去除冗余的图形元素、排版。设计师在界面设计中通过添加图标阴影、降低图形透明度、结合色彩渐变等方式，运用光影效果增加界面层级，让扁平化界面不再单调、冰冷，画面变得丰富，带给用户新颖的视觉感受。这种界面设计风格被称为半扁平化设计风格。

（2）拟物化

拟物化设计是指在设计过程中通过添加高光、纹理、材质和阴影等效果，力求再现实物对象。也可适当地进行变形和夸张，使界面模拟真实物体的质感。

（3）立体化

与拟物化风格相比，立体化风格更加简约、清晰。立体化风格是基于3D技术发展起来的，可以增强界面的亲和力和娱乐性。在人工智能技术的带动下，立体化风格也成为界面设计中的主流风格之一，从游戏界面到产品界面，将立体化融入界面设计变得越来越流行。

第二节　界面边框设计

界面边框设计即对界面设计进行前后处理的二次开发，其首要任务是理解界面设计视觉元素与界面边框设计的关系，通过对界面边框设计与界面设计视觉元素的研究，结合界面设计的流程，选择合适的结构体系进行界面整体视觉风格重新组合设计。

一、界面边框设计和文字排版

界面设计中的边框设计是指人与界面设计视觉元素之间以界面为平台的信息交流界面，其通过色彩、文字、图形等非物质化数字设计形态与人进行交互，是游戏UI媒介时代出现的一种新型界面表现形式，较传统界面最大的区别在于其多媒体性及交互性。界面设计是以界面设计视觉元素的显示屏幕为物质载体的视觉性界面，不能独立存在，其本质是视觉处理的媒介。界面设计中的框架设计和文字排版是游戏与用户交互的最直接的层，界面是游戏的外表。包括框架设计、文字排版，等等因素。界面设计的好坏决定用户对游戏的第一印象。而且设计良好的界面能够引导用户自己完成相应的操作，起到向导的作用。同时界面如同人的面孔，具有吸引用户的直接优势。

1. 标签式导航

标签式导航是界面边框设计里最常用的界面框架设计，也是被业界公认的一种普遍使用的页面边框设计。那么这种页面边框设计对用户来说是最常见的一种页面框架设计，如微博、微信、百度、支付宝、淘宝这些移动应用服务都运用的标签式导航，无一例外。从这个角度也可以看出来，优秀的产品使用标签式导航这种页面框架设计是非常普遍的。

（1）优点

①标签式导航能够让用户清楚当前所在的入口位置。如对微信用户来说，很容易通过标签式导航找到朋友圈、购物、支付、滴滴打车等内容，那么如果能够让用户在不同的入口间实现频繁跳转，那这时用标签式导航是合适的。

②直接展现最重要入口的内容信息。这有两层意思，第一层是标签式导航能展示出来最重要的入口，如默认"微信对话框"作为主入口。第二层是入口不仅可以被展示，入口里面的信息也可以被展示。

（2）缺点

功能入口过多时，该模式显得笨重且不实用。怎么理解"功能模块过多"？如现在的标签式导航，一般情况下，功能入口控制在五个以内，最少会是三个，最多五到六个。也会遇到有六个入口的情况，但这种产品一般来说比较复杂。如果入口过多的话，标签导航会弹不开，那这种模式就失效了。如果说就只有一两个标签，那么标签式导航下面就会显得特别的空，影响美观。

2.舵式导航

目前流行一种标签导航的变体，称为"舵式导航"，因为它的样式很像轮船上用来指挥的船舵，两侧是其他操作按钮。舵盘很容易同旁边的导航模式区分开，能够让用户知道中间这个标志是它主要的导航操作项。优点是舵式导航可以突出重要且频繁操作的入口。缺点同标签式导航。如微博的导航就是舵式导航，它在标签导航的基础上中间加了一个导航操作项，虽然，对于微博来说，最重要的是"首页"，而之所以对中间的标志做一个加量，是因为中间标志不仅是一种导航，还是一种操作，把一些主要的选项做成了一个集合。点击"＋"号可以发微博，发长篇的文章或者发点评，这些其实是一种重要的操作，把核心的操作作为一种重要的入口放在导航里面能够传递给目标用户这个功能操作项是很重要的这一信息。

就微博而言，最重要的功能是通过"首页"看微博，但对于微博的团队来说核心用户是原创者，所以微博团队很重视鼓励用户去发微博。因此使用舵式导航的优点很突出，把希望突出的功能和频繁操作的功能作为一个入口嵌到导航里面。而其缺点也同样继承了标签式导航的缺点，并且往往用在数量为奇数个的导航里面。

3.抽屉式导航

抽屉式导航和标签式导航是属于同一时代的导航形式，当时几乎是同时兴起的，且风靡一时，但现在这种抽屉式导航使用越来越少，快销声匿迹了。抽屉式导航将菜单隐藏在当前页面后，点击入口即可像拉抽屉一样拉出菜单。

（1）优点

首先，节省页面展示空间。和标签式导航相比，抽屉式导航底部区域被节省出来了，尤其对于一些小屏幕来说，节省空间是非常重要的。其次，让用户注意力聚焦到当前页面。一旦有了底部的标签式导航，其必然会分散一部分用户的注意力，如果把底部的导航去掉，隐藏起来，用户则会把注意力完全聚焦在当前页面里面。最后，扩展性好。抽屉式导航与标签式导航相比就有比较明显的优势，当功能特别多并且都很重要且希望用户看到时，就要用抽屉式导航去展示。

（2）缺点

抽屉式导航不适合需要频繁切换页面的应用。抽屉式导航现在应用越来越少，因为抽屉式导航有一些无法回避的缺点。现在移动应用服务的功能越来越多，也希望用户去不停地探索，里面也涉及一些商业化的考虑。正是由于这种原因，抽屉式导航的使用率越来越低，但如果你的主要功能非常的突出，次要功能可以隐藏的话，可以使用这种抽屉式导航，如豆瓣等。

4.宫格式导航

宫格式导航和前两种界面框架设计不太一样，宫格式导航是将主要入口全部聚合在页面，让用户进入界面之后的第一反应就是做出选择。如美图秀秀把所有的功能罗列在一级页面里面，让用户进行选择。

（1）优点

直观展现各项内容，方便浏览经常更新的内容。如美图秀秀的"万能相机"功能，就在界面加了一个"hot"，能够让用户注意到更新的功能。

（2）缺点

首先，无法在入口间进行跳转。宫格式导航与标签式导航最明显的区别就在于无法直接进行不同入口之间的切换。其次，不能直接展现入口内容主要展示了宫格入口。最后，不能显示太多入口层级内容，只能展示一级入口。例如，美图秀秀的"美化照片"里如"滤镜"这些二级的入口在这里是无法体现的。而标签式导航就能够在一级页面里面看到次级界面入口。如在微信的"发现"里面能看到"朋友圈""摇一摇""扫一扫"这样的二级功能的入口。所以宫格式导航只适合一些没有太多功能层级的移动应用服务，并且每一个功能与功能之间有明显的区别。

5.组合式导航

组合式导航与之前所讲的导航模式之间有所关联，它并不是一种独立的界面框架设计，而是综合式的。比如，淘宝的快捷入口"天猫""淘点点"等特别像宫格式导航，在展示成快捷入口下，还会展示一些内容，最下面还有标签式的导航。组合式导航灵活运用多种类型的界面框架设计模式，当用户需要聚焦内容，同时需要一些快捷入口能够连接到其他页面时，就可以采用组合式导航。

（1）优点

组合式导航布局灵活，能适应架构的快速调整。许多移动应用服务都有多样的入口，这时设计师希望在首页里面既能展示它们主要的、主推的产品，又希望能把其他入口展示出来。所以像这种层级比较多、功能比较复杂的移动应用服务，适用这种组合式导航。

（2）缺点

不规则且容易产生杂乱感。用户看到这样的导航模式会感觉缺少层次感，显得比较杂乱。例如，淘宝，不同的人第一眼会看到不同的部分。

6.列表式导航

列表式导航是在二三级页面中最常见的一种导航模式，或者说在二三级功能里面最常见，如微信"发现"就是列表式导航。

（1）优点

首先，层次展示清晰。虽然都是列表，但是它可以划分层级。例如，微信的"朋友圈"作为单独一级，"扫一扫"和"摇一摇"是单独一级，"附近的人"和"漂流瓶"是单独的一级，"购物"和"游戏"是单独的一级，层级被清晰地划分，这时候就有一系列问题了，为什么微信的"发现"用这种分类方式呢？因为原来的"发现"就叫"朋友圈"，也是用户使用最多的一个功能，那么与其把"朋友圈"和其他功能混在一起，还不如单独拿出来，作为最重要的一级放在最上面，它和其他功能都不一样，用户使用频率最高，也是目前用户黏性最高的一个功能。"扫一扫"和"摇一摇"放在一起是因为它们都是移动交互的新方式，也是微信普及的一种新方式，被誉为移动端的网址，通过"扫一扫"和"摇一摇"可以获取很多的信息，建立各种关系，所以它们之间有着相似的产品功能。而"附近的人"和"漂流瓶"不是微信独创的功能，此前QQ里就有这样的功能，甚至计算机端也有这样的功能，需要用户被动地开启、添加，也是传统的添加方式，所以将它们放在一起。而最后将"购物"和"游戏"放在一起是因为它们是微信的商业化。其次，可展示内容较长的标题，如三个字、四个字、五个字都可以。最后，可展示标题的次级内容。如"购物"是一级标题，可以接着展示下面的二级标题。

（2）缺点

首先，同级过多时会产生视觉疲劳。如在"扫一扫"和"摇一摇"之后又并了很多级，就会使级别过多了。尤其是同一级别内容过多时，用户就会觉得没有层次感，而且也分不清哪个更重要，不知如何选择。其次，排版灵活性不高。无论怎么排都是列表的样式，而且每一个列表的细分模块都要是同样大小的图标，甚至风格都要固定，标题、文案都需要摆放在固定的位置，排版非常不灵活，样式基本是固定死的。最后，只能通过排列顺序、颜色来区分各入口重要程度。列表这种导航框架模式设计对于重要度的排版区分并没有明确的指示，只能通过排列顺序、颜色来区分各入口重要程度。例如，微信的"发现"页面，"朋友圈"作为单独的一个层级放在了最上边，通过顺序可以传递给用户"朋友圈"是"发现"里面最重要的功能。还可以通过颜色来区分，比如说有些标签，可以在它的右边加一些内容，如

"购物"右边标注"618大促",可以通过这种辅助的文案和颜色的区分来展示某种信息。列表式导航和标签式导航是现在标签里面的主流导航设计,如果说实在没有别的导航创意,这两种导航模式是可以最大程度上避免犯错的设计方式。

7.Tab式导航

Tab式导航和标签式导航本质上大同小异,但它运用的情况不太一样,它是运用在二三级的页面里面的,而不是在主页面。

（1）优点

在产品的逻辑架构非常复杂,一级导航解决不了,需要二级导航的时候,采用这种Tab导航的模式,可以优化多内容、多层级产品结构。

（2）缺点

在产品的逻辑、结构复杂时,Tab式导航在产品结构上以及界面摆放上也会带来一定的复杂情况。

8.轮播式导航

轮播式导航我们使用比较少,运用这种导航模式的软件也不多。如iOS内置的一款"天气"软件,运用了这种轮播导航。当你的应用信息足够扁平时,可以尝试轮播导航。

（1）优点

首先,轮播式导航用丁单页面展示,且页面层级比较简单的产品,整体性非常强,展示内容简洁。其次,浏览方式非常顺畅、有方向感,滑动为左右滑动,用户用起来不会感到困难。

（2）缺点

首先,轮播式导航不适合展示过多页面。如果产品功能太多、层级太多,都不适用于轮播导航。其次,轮播式导航中非主页面不利于展示和查看,如果有二级页面、三级页面,在轮播导航里也展示不出来,甚至连入口都无法明确,这时那些页面就不适于展示和查看了。这也是为什么轮播式导航在我们现在使用的范围比较窄。当然如果一款产品只是提供一些浏览信息,产品结构没有那么复杂,那我们可以使用这种轮播式导航来最大限度给用户一种简洁的感觉。

9.点聚式导航

点聚式导航是一种比较酷炫的界面框架设计的方式,指的是我们将主要的功能或者导航合并在一起作为一个主要的按钮浮动在页面上面。如某产品浏览信息以及发照片、发音乐、发位置这些是它的主要功能，但若是把这些主要操作都罗列出来，可能对一个产品来说没有那么多的地方来容纳这么多项。那么点聚式导航，可以把所有的主功能都合并在了一个"＋"里面，通过对"＋"的点击，就可以把所有的操作唤起。

（1）优点

首先，这种导航方式十分灵活，是因为它是浮动在页面上的，甚至用户可以对这个导航按钮进行拖动，导航展示出来的主要功能操作都可以进行自定义。其次，展现方式有趣。与列表式导航和标签式导航相比，这种点聚式导航看起来更加新奇、有趣，尤其点击这种交互方式后的动画式的效果，更加吸引用户的眼球。最后，页面更开阔。它把底部标签都进行了隐藏，隐藏为抽屉式，然后把主要的操作模式、功能做成点聚式的模式，所以页面展示起来比较开阔，而主要的功能也被展示出来了，这就是点聚式导航配上抽屉式导航能够弥补标签式导航的缺点。

（2）缺点

点聚式导航和抽屉式导航有相似之处，它必然会隐藏很多的入口和操作。而对于操作选项来说，一级的操作项和二级的操作项都混合在一起并都隐藏在了一个按钮里面，层级没有被很好地区分。

10.瀑布式导航

瀑布式导航适用的范围是比较固定的，适用于以图片内容为主的产品，就像我们所说的瀑布流水。这种瀑布流的界面框架是一边拉一边刷新，自动向下拉自动刷新，而且这种排版的布局也不是唯一的。

（1）优点

首先，浏览时体验流畅。瀑布式导航特别适合展示大图，不用小图点击，直接展示大图。其次，排版布局多变。可以把单张图片进行放大并放在里面，形式规整。还可以多图展示，图片可以并齐、也可以错落有致，排版方式比较灵活。最后，沉浸式体验。因为这种布局不同于标签式的导航，用户会被图片所吸引，能够让用户长时间地停留在页面里去浏览图片。

（2）缺点

首先，层级比较复杂的架构不适合瀑布式导航，因为瀑布式导航主要以图片为主，下面没有标签导航，只能够辅以抽屉式导航。那架构比较复杂，并且层级比较多需要跳转的产品就不太适合。其次，容易产生疲劳感。因为虽然有"沉浸式"的体验，但是一直下拉，用户持续接收信息，这时会让用户感到疲劳。最后，瀑布式导航以图片为主，如果在网络条件不好的情况下，用户流量比较少，那么瀑布式导航产品的使用体验会大幅下降。

二、界面边框设计与配色的联系

界面是软件与用户交互的最直接层级，界面是软件的外表，包括排版、颜色等因素。界面设计决定着用户对软件的第一印象。设计良好的界面能够引导用户自己完成相应的操作，起到向导的作用。同时，界面如同人的面孔，具有吸引用户的直接优势。

在设计中，配色最好不要超过三种颜色。如果设计的界面颜色太多了，难免会给人一种界面混乱的感觉，界面设计很重要的一点就是最终的结果要给人一种良好的体验，如果界面太乱，用户体验也就无从谈起了。因此，在用色时，颜色越少越好，但要以可以正确传达功能和元素为前提。我们每添加一种颜色的时候都需要好好考虑一下有没有必要。因为再复杂的设计，也不会多于三种主色彩。

第一，确定主色。在运用色彩进行设计的时候，心里要有数。色彩的主次关系能确定作品的性质。在一定程度上，主色决定了设计的风格。我们可以这样去理解，在用户使用产品时，更希望用户记忆产品。而在用户进入了信息页面时则更注重易用性，希望用户能找到自己需要的东西。所以主色在首页使用的面积较多，而在二级页面上仅用在关键的操作点上。从产品角度出发，我们在使用主色的时候要考虑页面的内容关系，理解界面的层次与功能性质。从视觉出发，可选择饱和度较高的色彩作为主色时，但也要考虑因为颜色面积过多而造成的视觉疲劳。

第二，从对比色中找辅助色。通常来说，界面设计中色彩面积最多的就是主色。其实不然，人们的阅读心理是有差异的，如果颜色饱和度较低就容易被相对面积少的高饱和度颜色抢眼，所以在定义界面主色的时候要选择饱和度（纯度）高的颜色作为主色。在界面设计汇总中发现使用互补色彩的对比是最为强烈的。这种色彩能使用户的视觉产生强烈的刺激，情感浓烈，给人留下鲜明的印象。这种方式是最易于传播的，适合在夸张的、张扬的场景下使用。但频繁使用容易造成用户的视觉疲劳，给人一种不安定的感觉。那么在使用这样的搭配方式时需要控制使用的位置和信息的面积，如仅用在核心的位置。

三、界面边框设计的美观与协调性细则

界面设计的风格、色彩应基于公司的视觉设计手册，形成自己独特的品牌风格。另外，页面元素应该大小适合美学观点，感觉协调舒适，能在有效的范围内吸引用户的注意力。那么美观性和协调性的细则有哪些呢？

长宽接近黄金点比例，切忌长宽比例失调。布局要合理，不宜过于密集，也不能过于空旷，需合理利用空间。切忌使用强立体感的界面，按钮等，这会使页面看起来比较粗糙。按钮大小应基本相近，忌用有太长的名称，免得占用过多的界面位置。按钮的大小要与界面的大小和空间相协调。避免空旷的界面上放置很大的按钮。放置完控件后界面不应有很大的空缺位置。字体的大小要与界面的大小比例协调，通常使用的字体中宋体9～12号较为美观，并且很少使用超过12号的字体。前景与背景色搭配合理协调，反差不宜太大，最好少用深色，如大红、大绿等。切忌使用过多的颜色搭配及使用大面积的冷色调和暖色调搭配，且灰色调适合和任何颜色搭配。如果使用其他颜色，主色要柔和，具有亲和力，不使用刺目的、过艳的颜色。界面风格要保持一致，字的大小、颜色、字体要相同，除非是需要艺术处理或有特殊要求的地方。

如果窗体支持最小化和最大化或放大，窗体上的控件也要随着窗体而缩放，切忌只放大窗体而忽略控件的缩放。含有按钮的界面一般不应该支持缩放，即右上角只有关闭功能。通常在父窗体支持缩放时，子窗体没有必要缩放。如果能给用户提供自定义界面风格则更好，由用户自己选择颜色、字体等。软件界面设计过程中，把握好美观性和协调性，就抓住了用户的眼球，给用户留下了好的第一印象。因此，美观性与协调性至关重要。

四、界面边框设计的颜色使用风格

1.UI界面边框设计中色彩语意风格的类型层次分析

（1）UI色彩的情感语意

美国艺术心理学家布鲁默（Blumer）说："色彩唤起各种情绪，表达感情，甚至影响我们正常的生理感受。"所以在进行UI界面的色彩设计时，一定要充分考虑到用户的情感因素。不同性别、年龄对于颜色的接受类别不同。例如，一部分成人

喜欢蓝、白、黑、灰,喜欢这些颜色的人从色彩心理学的角度来说一般都比较文艺、沉稳、内向,针对这一部分人进行设计时要忌用红、黄等高饱和度的颜色;儿童一般喜欢靓丽的红、橙、黄等。把色彩与用户人群相匹配,既能扩大传播效果,还能够引起读者共鸣。色彩的冷暖色也能使人的生理和心理产生不同的情感,冷色一般给人清爽、干净、纯洁等感受,所以许多夏季饮料都是使用冷色调,而暖色一般给人温暖、膨胀、热情的感觉,所以食物类产品都会选择暖色,增加人的食欲。因此,UI设计在对于色彩的考虑上一定要根据不同的用户人群和不同品牌类型对于颜色的需要来进行选择。

(2)UI色彩的功能语意

功能性是我们在设计任何东西都需首要考虑,当用户看到一组UI界面的时候,是否能够在第一眼看出此界面是什么、怎么用、是否能够精准传达设计者所想,这些都是色彩的功能性作用。一组优秀的UI界面设计中使用的色彩是可以非常准确传达信息和表达语意,让界面更加的简洁,操作流程更加清晰,降低用户使用的技术成本。例如,许多购物的UI界面设计,大都会使用暖色系,如红色、橙色等暖色会给人有热情、开心、兴奋的感觉,会激起用户的购买欲,以此来达到促进消费的目的。

(3)色彩语意在实际UI设计中应用研究

在界面边框设计中,色彩的运用极为重要,它能够在较短的时间内准确无误传达出设计师所想和提升整体的吸引力与视觉冲击力。

2.UI界面边框设计中色彩设计的原则与方法

(1)主视觉需求

UI界面边框设计时信息传达应满足准确性需求,颜色的使用一定要满足信息传达准确性的需要,当浏览者看到的第一眼就能够非常清晰明白这个网站是关于什么的网站。如把竞技游戏类设计成婴儿粉等小清新的颜色,把婴儿用品类颜色设计成大红、纯黑等颜色,很显然这样肯定不能精准传达品牌。人对于色彩的敏感度远高于其他的图形和文字,所以色彩的选择就非常重要。突出不同的主题,对于颜色的需求是不一样的。广告大师奥格威(Ogilvy)曾经说过:"最终决定品牌市场地位的是品牌本身的个性,而不是产品间微不足道的差异。"颜色的使用一定要能够体现品牌的个性和特征。在UI设计的色彩中,整体色调一定要简洁明朗、统一秩序、突出主要功能。例如,环保类一般都会使用绿色环保色,儿童玩具会使用明度和饱和度高的的黄色、橙色等,法律类会使用白色、蓝色沉稳的颜色。

（2）次视觉需求

次视觉需求要符合色彩理论学，颜色的搭配要有一套完整的色彩理论体系。所以在进行UI色彩设计的时候，一定要在科学原理的理论基础上再加以创作和发挥。在进行UI色彩设计的时候要遵循色彩搭配的黄金比例，即基础色70%，主配色25%，强调色5%。在进行UI界面边框色彩设计的时候，应符合人体视觉接收系统。为了符合人体视觉接受系统，即由亮到暗，通常在背景上使用单一的和饱和度与明度比较低的颜色，主体物就使用鲜艳明亮的颜色，这样就能应用颜色的对比来突出主题，增强设计想要传达给受众的重要信息。

第三节　抬头与页脚设计

抬头、页脚的设计可以传达很多信息。它会告诉用户此界面都能做些什么以及如何浏览，另外它还会展示细节，如设计师对细节的关注，以及对小空间的处理能力。抬头、页脚是设计中的重要部分。只有时刻注意设计元素和可用性的最佳组合，才能在每个界面设计项目中用最小的空间获得最多可能。

一、抬头、页脚的设计原则

1.重要信息要明显展现

浏览网站可以发现，大多数企业网站的页脚包含了公司的简单业务介绍、联络信息、版权维护以及其他相关网站等。当用户在网站上没有发现明确的联络方式时，基本上都会把页面拉到页脚寻找信息，若能快速找到主要信息，则可以减少网站跳出率。

2.避免给人草率的印象

有一些网站在设计的过程中并没有清晰的页脚概念，通常把页眉做得很耀眼，然而整体往下拉，却没有页脚的踪迹；又或许是将页脚看作最次要的，所使用的字体小，内容简单，且没有将文字与布景对比度思考在内，无形中造成了用户不愉快的浏览体验，根据用户的浏览习惯，从网站页眉阅览下来，体验效果都很好，但一到页脚就模糊了，这种虎头蛇尾的现象就会给用户留下不好的形象。

3.留白设计有助美观

官网页脚的规划是在有限的空间内体现最精彩的内容，这些空间要充分利用起来，对要使用的图标、文字、图像等内容进行排版规划，但在组织这些元素时要懂得留白，避免出现内容扎堆的情况，否则会影响企业网站的美观。

4.简洁是"王道"

页脚和页眉的规划不同，并不需要与页眉的导航栏那样过多重视交互性和个性化，反而，简洁的页脚更有利于用户体验。页脚一般会选用少量的颜色元素与网站整体个性匹配，尽量减少使用图像布景方式，若想让内容显得丰富，可选择图标和文字结合的方式来展现，并且内容也不宜过多，应简练。

二、抬头与页脚设计的技巧

1.保持设计的简洁

设计简洁是大部分设计项目的关键之一，也是重中之重。在处理抬头、页脚的信息的时候，简洁设计显得尤为重要。坚持清理元素，保证充足的空间并有目的地组织信息，尽量避免混乱。思考哪些元素需要出现在你的抬头、页脚中，以及它们为什么要在那里。抬头、页脚的尺寸一般都跟界面数和信息量有关。

2.链接信息

抬头、页脚中最重要的两个链接分别是"关于我们"和"联系我们"。用户想要知道产品是什么，而且想要了解公司和品牌界面设计应让用户更容易找到这些信息。还有界面的团队成员以及他们的联系方式尽管可以链接到一个完整的"联系我们"的页面里，但也应在页脚中展示相关联系人信息。页脚处要写上主要的电话号码、邮箱和真实地址。如果能够在点击时自动拨号，自动发送邮件或者展示地图，那就是加分项了，对抬头、页脚内容的连接和信息进行分类组织会给人较好的感觉。如把联系方式、友情链接、服务、社交网站和一些流量最大的内容分成几列（或几行）。给每个部分起一个标题，这样方便用户查看。要包含版权声明，这行小小的文字至关重要，大部分网站把它做在网站底部单独一行，也可以考虑把它设计得更融入页脚。版权声明可以手写，也可以只放一个带圈圈的小©标志，其文字通常包含发布年份和版权所有者的名字，还可以为内容和设计建立多个版权声明

（适用于部分由第三方创建的网站）。当用户浏览到页脚的时候，可以邀请他们在社交媒体上关注产品，或者登记获得邮件通知，这个区域在转化点击方面具有价值。

3.文字与图形元素的使用

通常抬头、页脚只是一个方块。添加标志或者图形元素可以为其增加视觉上的趣味。只是要注意不要为这狭小的空间添加过多元素。在狭小的空间中文本元素与背景之间的颜色、字重以及对比变得非常重要。每个单词都应该是易于阅读的。应考虑使用简单的字体，无衬线字体和中等字重就很好。选择高对比的色彩，如白底黑字或者黑底白字，避免使用不同的颜色或者华丽的字体。页脚的文字可以比网站主体所用的字号稍小一点。而图标和图像要在你所选的尺寸里是可读的。且必须大到易于点击或触碰。

4.设计的主题

抬头、页脚的主题应该看起来与整个网站的设计风格相符。颜色、样式还有图形元素都应该保持一致。不要为页脚添加与网页整体风格不符的方框，这是很常见的错误。设计师从项目伊始就应该思考抬头、页脚要如何展现，以免在设计过程中因不匹配的元素而做不下去。

5.设计的层次感

抬头、页脚也应该有自然层级，应该位于整个网站层级的最底端。同时其内部的元素也应该具有层级。最重要的元素通常是联系信息、呼吁信息或者网站地图，应该是最突出的。标准的信息，如版权信息，通常都是这个区域里最小的。子抬头、页脚非常适合放置一些额外的层级，增加抬头、页脚的空间，防止它过于密集，给页脚中的元素留出足够的间距可以让页脚看起来宽松舒畅。而且方便点击或触摸。因为页脚中的绝大部分链接都要链接到别的地方，所以这对用户体验来说也很重要。

6.不要添加下画线

现在仍有很多网站在页脚的链接中使用下画线，这种方式并不适用于现代网站设计。

三、抬头与页脚设计的细节

1.内容明确、简单易懂

网站设计时抬头、页脚部分的设计需要注意内容的展示效果，必须做到内容明确、简单易懂，让用户可以很直观地找到自己想要的信息，并可以理解企业想要表达的内容，如页脚的联系方式、地址、企业简介等，这样可以减少用户的跳出率。所以企业在设计网站页脚时要尽可能考虑周详，力争给用户带来周到的体验。

2.色彩搭配得当、美观

网站抬头、页脚设计同样需要考虑其色彩搭配问题，背景色与文字的颜色一定要区分开，才可以方便用户阅读。网站页脚设计色彩搭配通常应采用极少的色彩元素并和网站整体风格一致，若需让内容显得丰富些，可选择图标和文字结合的形式来展现，且内容也不宜过于烦琐。

3.保持抬头、页脚设计的统一

虽然设计强调要注意页脚的设计，但这并不意味着需要把页脚设计过于华丽，那样会给人一种眼花缭乱、头重脚轻的感觉。企业在进行网站页脚设计时应注意按照用户的浏览习惯来，从网页抬头浏览下来一直到页脚，应做到浑然一体，给用户留下了良好的印象。

4.充分利用页面空间、注意留白

设计好网站抬头、页脚的设计一定要把要好一个度。具体做法是：在有限的空间内展示出企业最想要用户知道的精简的内容，将页面中的空间全部利用起来，同时应注意留白的问题，避免出现密密麻麻的内容扎堆情况。这样的页面设计才会给用户带来舒适的体验。

5.设计必要的装饰

界面设计中抬头、页脚设计的装饰要慎重，如下画线、字体特效等，能去掉的尽量去掉，如果需要最好以加粗或放大字体来加强效果。这样可以使网站页面显整洁统一。

第四节　转角及血条设计

人们总是对新游戏感兴趣，所以对新游戏设计会持续有所需求。游戏设计师的工作包含很多内容，当然也包含对转角及血条的设计。

一、转角及血条的制作方法

转角及血条的制作步骤如下。

第一，创建一个画布（Canvas），设置为"WorldSpace"模式，作为子物体挂到需要显示血条的角色物体下面，设置一下位置和比例（Scale），让他大小和位置比较适合角色。

第二，在画布里面加一个图片（Image），改名为"Background"，背景图片选"UI Sprite"或者"Background"都可，颜色选择背景色，如红色。锚点（Anchors）设置为［min（0，0），max（1，1）］，这样如果画布大小改变，会随着父类层级改变尺寸。

第三，在"Background"下再建一个画布，改名为"Health Bar"背景图片设置同上，颜色任意比如绿色，关键是，设置锚点为［min（0，0），max（1，1）］，中心点（Pivot）设置为（0，0.5），这样，这个图片大小改变时，总是左边对齐的。

二、利用IMGUI和UGUI设计与制作

1. IMGUI实现血条

利用水平滚动条"Horizontal Scrollbar"，通过设置滚动条内部标记条的长度来表示血条剩余量，如图3-8所示的血条剩余量。

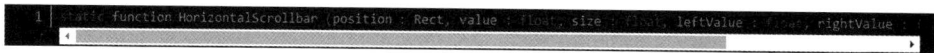

图3-8　血条剩余量

在IMGUI实现血条的设计中，应注意的参数有以下几点。

① Position：表示整个滚动条Bar的大小，包含基点和长宽。

② Size：表示滚动条内部标记条的长度。

③ Value：表示滚动条内部标记条的初始位置，应该是在Left Value和Right Value之间的一个值。

④ Left Value：表示滚动条最左边的值，即横向坐标。

⑤ Right Value：表示滚动条最右边的值，即横向坐标。

⑥ Style：滚动条背景样式，如不设置，水平滚动条样式应用当前的GUI Skin皮肤。

所以通过设置Size即可达到如同血条增减的效果。为了实现渐变的效果，可以通过插值"Static Function Lerp（from：float，to：float，t：float）：float"。基于浮点数t返回a到b之间的插值，t限制在0～1。如当t=0返回from，当t=1返回to。当t=0.5返回from和to的平均值。

因此，在刷新方法（如Update、on GUI等）内"value = Mathf.Lerp（value，temp，0.01f）"；就可以让value的值以0.01的速度逐渐逼近temp的值，表现出来就是，血条将逐渐变慢的增长至temp的值。所以通过设置temp的值可以合适的改变value（血量），进而改变血量。

2. UGUI实现血条

利用UGUI的Slider组件，直接添加到画布视图，使用2D模式编辑，删去Handle Slide Area（内部标记块），将Fill Area的Left和Right都设置为0，使进度条可以被填满。

创建一个游戏对象，将UI组件Slider加入子元素。为了使游戏对象的血条任何时候都面对主摄像机，可以使用LookAt函数，"function LookAt（target：Transform，worldUp：Vector3=Vector3.up）：void"，旋转物体，向前向量指向target的当前位置。简单说，旋转物体使Z轴指向目标物体。

当该物体设置了Look At并指定了目标物体时，该物体的Z轴将始终指向目标物体，在设置了world Up轴向时，该物体在更接近指定的轴向时旋转变灵活，注意world Up指的是世界空间。所以将目标游戏对象设置为包含Slider的游戏对象，脚本添加到Main Camera上，外部为脚本设置目标游戏对象。

三、IMGUI与UGUI实现的优缺点

1. IMGUI实现

IMGUI的实现与脚本直接相关，便于进行全方位的控制和操作，包括但不限于一些常规的UI组件功能，比较利于工程师对呈现效果的严格把控。但是，也由于其直接与脚本相关，所以对定位（位置）、样式的设置往往不能得到直接呈现效果，而是需要等待脚本运行才能具体体现，同时可能出现相互影响的状况，而这可

能需要反复调试，将大大延长项目交付时间。

2. UGUI实现

UGUI实现比较方便，直接添加到视图中即可，但因为是内置的方法，所以只提供有限的方法和使用方式，另外必须要去了解其内部的实现原理，便于可以熟练合理地使用这些UI组件，而不引发一些意外的报错，如之前如何使血条填满Fill Area。

小贴士

游戏界面特征

1.窗口

窗口是屏幕中的一些区域，看起来像是一些独立的终端。窗口通常包含文字或图形，并且能够移动或可以改变大小。在屏幕上可以同时显示几个窗口，可以看见正在执行的不同任务。在工作的线程间切换的时候，用户可以注视不同的窗口。窗口还有各种与其自身功能相关的附件来拓展窗口的用途。滚动条就是这样的一个附件，使用户可以上下或者左右移动窗口的内容，通过操纵滚动条可以看到新的信息。在窗口的顶部通常有一个标题栏，让用户可以区分不同窗口，在窗口的边角上可能有一些特殊的方框，用来改变窗口的大小、关闭窗口或者最大化窗口。然而，在游戏界面中的窗口和应用与其他系统应用程序中的窗口是不同的。通常，游戏中的窗口不会直接呈现在屏幕上，而是通过其他方式使其弹出，一般的方式有使用按钮链接、快捷键调出、程序本身在特定状况下自动弹出等。游戏中的窗口大都用来显示文字或角色信息。在需要的时候会出现滚动条附件，不过，这种情况应该尽量避免，因为这样会让用户感觉得到的信息不够完整，并且需要用户的短时记忆来记住那些滚动过后的内容。在游戏界面设计中还应该考虑到窗口和显示游戏主要画面的屏幕的关系，窗口的大小、默认弹出位置以及透明度都会影响到游戏的进行。

2.图标

窗口可以关闭和永远消失，或者也可以缩成某种非常小的表现形式。一个小的图片可以用来表示关闭的窗口，这种表现形式称为图标。利用图标可以在屏幕上同时排列许多窗口。当用户暂时不想执行对话时，可以将含有该对话的窗口图标化，从而挂起该对话。图标可以节省屏幕空间，并且可以用来提醒用户：他可以在以后打开那个窗口，重新执行对话。图标也可以用来表示游戏中的其他项目，如游戏中的道具、角色的状态、人物表现等。图标有多种形式，可以是图标所代表对象的逼真表示，也可以是高度程式化的，甚至可以是任意符号，不过在设计图标时应该考虑用户对于图标本身代表意思的认知。

3.指针

指针是WIMP界面［窗口（Windows）、图标（Icons）、菜单（Menus）和指针（Pointer）界面］的一个重要成分，因为WIMP界面所要求的交互形式有赖于指点和选择图标这类活动。鼠标是能够进行这种任务的输入设备，在屏幕上展现给用户的是由输入设备控制的光标。游戏界面设计中光标的设计也是很重要的一个部分，不同形状的光标经常用来区分模式。指针的光标与图标类似，也是一个小小的位图图像，只是所有的光标还有一个热点（Hot Spot），即其所指的位置。在设计光标样式的时候，应该保证其有明显的热点，这样用户才能尽快地选中其所想要操作的目标。

第五节　界面设置

一、游戏的主题

游戏的主题是游戏设计的开端，要设计一套游戏就必须先将主题明确地突显出来，这样玩家才不会不清楚游戏到底要表现什么。可以将游戏设计的主题归纳成一些主要的基本要素，作为表示整个游戏主题发挥的重要因素。"时代"用来描述整个游戏的时间与空间，代表的是游戏中主角人物所存在的时间与地点。以单纯的时间特性来说，时代可以包含游戏中人物的服饰、建筑物的构造以及合理的环境对象。所以只有设置明确的时间才不会让玩家觉得整个游戏的过程中会发生一些不合常理的人、事、物；而空间特性指的是游戏故事的存在定义，如地上、海边、山上或者是太空。设置主题的目的就是要让玩家可以很清楚地了解到自己在游戏中所处的方位，所以"时代"的设置主要是描述游戏中主角存活的逻辑意义。

1.背景

在确定游戏的时代后，就必须确定游戏所发生的背景，根据设定的时间与空间，再设计出一连串的合理背景。如果在游戏中出现一些不合理的背景，除非有合理的解释，不然玩家们就会被游戏中的背景搞得晕头转向、不知所措。

2.人物

玩家最直接接触到游戏的部分就是他们所操作的人物与故事中的其他角色，因此在游戏中就必须刻画出故事的正派与反派角色，而且最好每一个人物都拥有自己的个性与特征。如此一来，游戏才能淋漓尽致地突显人物的特色，也让玩家在操作主角人物时，更能身临其境。

3.目的

不管是哪一种类型的游戏，都会有独特的玩法与目的，而且游戏中目的可能不只一种。如同有些玩家为了让自己所操作的人物变得更加厉害，就会更加努力地提升自己主角的等级；有些玩家也会为了了解故事剧情的发展而去努力地打击敌人以过关。诸如此类，目的就是让玩家有继续玩下去的理由，没有游戏目的，玩家就会觉得游戏索然无味。

二、游戏设计的规则

在确定游戏设计主题后，需进行游戏主题制作，初步设置出基本的游戏角色，如男主角、女主角、反派角色，等等。其实游戏角色的设计是依据最初设计者的想法，不过在"设置"与"设计"的过程中，通常不会由同一个人来执行。所以就必须将"设置者"的想法，以文字表格的叙述方式告诉"设计者"，其目的是使设置者的想法与设计者所设计出来的人物差距不要太远。最后，必须设置几项基本的规则。如在游戏角色打倒怪物之后，主角可以得到某一特定的经验值，而经验值达到一定的程度之后，主角便可以提升某方面的能力或武器。这些基本的目的都是提高游戏的耐玩度和刺激性，而游戏最终的目标还是让玩家们可以得到通关之后的满足感与成就感。在游戏主题中的所有元素都大略地设置出来后，可进行游戏中主要玩法与系统的设置。

三、游戏系统的基本设置

游戏系统是定义游戏的基本玩法类型，如角色扮演、动作、策略、益智等。简单地说，必须定义游戏中几项基本的要素，而这些基本要素就必须从"给谁玩"（Who）、"玩什么"（What）、"如何玩"（How）三项考虑。

1.给谁玩

"给谁玩"是定义游戏最根本的考虑要素。在游戏设置的初期，必须要去了解这套游戏是要给哪些玩家的，而这些玩家又比较喜欢玩哪种类型的游戏。

2.玩什么

为了让玩家对游戏产生兴趣，必须让玩家了解游戏到底在玩些什么。是为了打斗带来的刺激呢？还是为了解谜带来的成就感？所以在设置游戏系统的时候，玩什么是必须考虑到的因素。

3.如何玩

在设置完游戏给谁玩和玩什么要素之后，接下来要让玩家知道游戏到底应怎么玩。简单地说，"如何玩"是要告诉玩家要怎样才能让游戏可以顺利地进行下去。如果将玩法设置得含糊不清或过于复杂，玩家就很容易抓不着游戏方向，进而降低玩这款游戏的兴趣。综合上述要点，设计一个小型的游戏系统，将游戏定义为面向普通的玩家。例如，以飞弹混乱射击的方式表现游戏的刺激感，以取得更高的分数与飞机操控的流畅感为主轴，再设计出玩家操控一台小飞机在游戏画面中可以四处地飞行，当小飞机遇上敌机的时候，小飞机可以将敌机打落。而被打落的某些敌机当中，会掉落下加强小飞机功能的物品。

因此在设置游戏系统时，基本的要点不外乎上面提到的三项。完成了游戏的基本系统设定之后，接下来是定义游戏的基本流程控制。

四、游戏的流程控制

在设定完游戏主题与游戏系统后，要画出一个基本游戏流程图，用来控制整个游戏的运作过程。从两个基本方向来考虑，即游戏要"如何开始"与"如何结束"。例如，首先可以看到游戏的首页窗体，玩家可由首页窗体中进入游戏，在游戏中可能会得到宝物，也可能被敌人攻击，最后结束游戏。这个流程图的目的是让设计者掌握整个游戏流程，并且让设计者以外的人了解到游戏的运作流程。一套有系统的流程观念图更可以呈现出游戏的架构是否好玩与合理。

五、设计游戏的四大要素

在设计一套游戏时，有四个极为重要的要素，就是"策划""程序""美术""音乐"。以下从游戏品质的角度来分别说明它们在游戏中的重要性。

1.游戏的灵魂——策划

策划的任务是其他三个角色的核心，并控制了整个游戏的规划、流程与系统。策划人员编写的策划书供其他游戏参与人员阅读。"策划书"由策划人员将脑海中的想法以文字方式具体落实，目的是让其他人员能够了解到策划人员对这套游戏真正的理念与意图。通常策划人员要做的工作归为下列几点。

①游戏规划：游戏制作前的资料收集与环境规划。

②架构设计：设计游戏的主要架构、系统与主题定义。

③流程控制：绘制游戏流程与控制进度规划。

④脚本制作：编写故事脚本。

⑤人物设置：设置人物属性及特性。

⑥剧情导入：把故事剧情导入引擎中。

⑦场景分配：场景规划与分配。

2.游戏的骨架——程序

程序是用来升华游戏的一种技术性工具。在策划书中，必须用程序来加以组合成形。程序设计人员必须了解策划人员的构想计划，根据他们的想法与理念，将设计转化成一种成像的画面或功能；也要具备拆解策划书的能力，将分解出来的游戏功能分配给其他人去编写。而且在其他人将程序编写完毕之后，再将它们整合为一，达到策划人员所要求的画面或功能。程序设计人员要做的工作分成下列几点。

①编写游戏功能：编写策划书上的各类游戏功能，包括各种编辑器工具。

②游戏引擎制作：制作游戏核心程序，以应付游戏中发生的所有事件及图形管理。

③合并程序代码：将分散编写的程序代码加以结合。

④程序代码除错：在制作后期，程序人员处理错误程序代码以及重复进行帧的

错误。

3.游戏的皮肤——美术

美术对于玩家们来说，就是游戏中的画面，在玩家尚未真正操作游戏时，可能会先被游戏中的绚丽画面所吸引，从而动心去玩这款游戏。因此有优秀的美术人员是非常重要的。可以将美术人员的工作归纳为下列几点。

①人物设计：美术人员必须根据策划人员所规划的设置，设计与绘制游戏中所有需要的登场人物，不管是2D还是3D的游戏。

②场景绘制：在2D游戏中，美术人员必须画出游戏需要的所有场景图案；在3D游戏中，美术人员必须绘制出场景中所有要使用场景对象，提供地图人员所用。

③接口绘制：除了游戏场景与人物外，还有一种经常在游戏中所看见的画面，那就是使用接口，这种接口就是让玩家可以与游戏引擎做直接沟通的画面。美术人员要将亲合性与方便性作为设计使用者接口的原则。

④动画制作：美术人员根据策划书，制作出声光十足的动画。

4.游戏的外衣——音乐

在游戏中，少了音乐的衬托，游戏的娱乐性可能会大大减少了。如果加上了音乐效果，玩家便能身临其境般感受到那份紧张刺激感。音乐制作人员的工作比较单纯，只要做出游戏中需要用到的音效与相关的背景音乐即可。不过必须了解游戏故事的整个剧情发展，确定在哪一段应该需要什么样的音乐。

总之，游戏设计四大要素的角色可以简单诠释为"音乐"能够震撼玩家们的听觉，"美术"能够吸引玩家们的目光，"程序"能够牵动玩家们的手足，"策划"能够虏获玩家们的内心。对于设计一套游戏来说，这四个要素必须相辅相成，缺一不可。通常执行这四个要素的工作分别由不同的人来扮演。不过有时候基于成本考虑，也可能一个人身兼多职，但是不管如何，充分发挥与整合这四项要素，是成功完成一套游戏制作的关键。

六、游戏中戏剧手法的应用

在游戏的世界里，创意犹如灵动的灵魂，赋予游戏独特的魅力与生命力。而游戏创意与戏剧手法之间存在着千丝万缕的联系，戏剧手法的巧妙运用能为游戏增添深度与丰富性。我们制作一套游戏时，必须考虑以下八项原则。

1.游戏的主题

在设计一款游戏时，应该了解到一些相同的游戏主题，适用于不同文化背景的玩家族群，如爱情主题、战争主题等，这些主题可轻松地吸引玩家们，对于游戏在不同地区的推广是有帮助的。如果游戏题材比较老旧的话，那么可以尝试从全新的角度来诠释它，或者以奇幻想象的游戏系统来赋予老故事前所未有的呈现方式。简单地说，就是做到旧瓶里装新酒，让玩家感觉到游戏独特的创意。如《巴冷主公》角色扮演游戏，取材于我国台湾鲁凯传统神话故事，配合最新3D引擎技术来加以改编制作。

2.游戏的过程与发展

在戏剧中推动故事情节的动力是障碍与冲突。具体应用到游戏中，可以将障碍变成在游戏过程中，需要游戏者解决的难题；冲突变成为游戏者前进的阻碍，迫使游戏者根据自己目前的状况，想出有效的解决办法。具体来说，障碍是谜题，冲突是战斗。在角色扮演游戏中，这两种因素应用最为广泛。恰当地设置障碍和冲突是游戏者不断克服困难前进的动力，从而带动故事情节向前发展。

3.游戏故事的讲述

故事的讲述方式有倒叙法和正叙法。倒叙法是先将游戏者所处的环境给定，使游戏者处于事件发生后的结果之中，然后让游戏者回到过去，让玩家自己发现事件到底是怎样发生的，或者阻止事件的发生。如《神秘岛》是一款图形解谜游戏，现已有五代和一个前传及一款3D版。正叙法就是普遍的讲述方式，故事随着游戏者的遭遇而展开，游戏者对一切都是未知的，一切都等待游戏者自己去发现、去创造。一般游戏都采用正叙法的讲述方式。

4.游戏的主人公

主人公是游戏的灵魂，只有出色的主人公才能使玩家流连于故事世界中，以演绎出出色的故事。因此，成功地设定出一名主人公，游戏就有了成功的把握。游戏中的主人公不一定非要是一名善良、优秀的人，也可以是邪恶的，或者是介乎正与邪之间的。通常邪恶的主人公比善良的主人公更容易使游戏成功。例如，电影《沉默的羔羊》中的那名博士，或者是游戏《玛尔寇的复仇》中的玛尔寇。还要注意一点的是，主人公的设计不要脸谱化、原形化，不要流俗。主人公如果没有自己的独特个性、形象，是不可能使游戏者感兴趣的。

5.游戏的描述角度

一般游戏中，最常用的是两种叙述角度，也可以称之为视角，即第一人称视角和第三人称视角。第一人称视角是以游戏主人公的亲身经历为叙述角度，屏幕上不出现主人公的形象，使游戏者有"我就是主人公"的感觉，从而更容易使游戏者投入游戏中。第三人称视角是以旁观者的角度观看游戏的发展，在游戏者的投入感上，不如第一人称视角的游戏。第一人称视角的游戏比第三人称视角的游戏编写难度更大。角色扮演游戏一般都用第一人称视角来进行游戏设计，如"魔法门"系列。其实在第三人称视角的游戏中，可以利用不同的办法来加强游戏者的投入感，如由游戏者自己输入主人公的名字、自己挑选脸谱等。

6.游戏的情感与悬念

游戏中的情感因素非常重要，作为游戏设计者，应该保证自己的设计能够感动自己，才可以说是成功设计的开始。游戏中另外的一个重要因素是悬念。悬念是指游戏中带有紧张和不确定性的因素，即不要让游戏者轻易猜出下一步将要发生些什么。加入适当的悬念可以使游戏更吸引人。例如，在一个箱子中放有游戏者所需要的道具，但箱子上加有机关，在开启的同时会爆炸。游戏者不知道箱子中放置的物品是什么，但通过提示知道这件物品会对他有帮助，也知道打开箱子会有危险，但不知道危险是什么。如何打开箱子并排除危险就成为游戏者所要解决的问题。这样在制造悬念的同时，也给游戏者制造了一个难题。

游戏者在游戏中并不知道游戏的运行机制，对于自己的动作结果有一种期待。在所有的游戏中，游戏者总是通过经验实现对不可预测性的抗争。从不可预测性上看，游戏可以分为两种类型：一种称为技能游戏，另一种称为机会游戏。前一种游戏的内部运行机制是确定的，不可预测性产生的原因是游戏设计者故意隐藏了运行机制，游戏者最终可以通过对游戏运行机制的理解和控制解除这种不可预测性。而后一种游戏中游戏本身的运行机制具有模糊性，具有随机因素，不能通过完全对游戏机制的了解消除不可预测性，游戏动作产生的结果是随机的。

悬念以及由悬念所引起的期待在游戏中至关重要，不能使游戏者的期待完全落空，这样将使游戏者产生极大的挫败感；也不能使游戏者的期待完全应验，这将使游戏失去不可预测性。应该时而使游戏者的期待变成精确的结果，使其增强信心，获得欢乐；时而抑制游戏者的期待，使其产生疑惑，疑惑的时间越长，悬念的情绪就越强烈，建立起来的悬念紧张度越大。悬念产生的价值不在其本身，而在于随之而来的获得感与成就感。悬念及其解除过程实际上是焦虑释放的过程。

7.游戏的节奏

游戏中的时间观念与现实中的时间观念有所区别。游戏中的时间由定时器控制，定时器分两种，真实时间（实时）的定时器和基于事件的定时器。实时的定时器类似《终极总动员》中的计时方式。基于事件的定时器是指回合制游戏、RPG角色扮演类游戏等的定时方式。有的游戏中也轮流或者同时采用两种定时方式。如游戏《红色警戒》中一些任务关设计。在即时类游戏中由于真实时间对游戏节奏的控制作用不明显，所以应尽量让游戏者而非设计者来掌控游戏节奏，并且设计者对游戏节奏的把控应当以一种让游戏者难以察觉的方式进行。如在冒险游戏中调整游戏者活动空间的大小、活动范围的大小、谜题难度、工具种类等，都可以起到改变游戏节奏的作用。在动作游戏中采用调整辅助角色数量、生命值等办法。在角色扮演类游戏中除采用与冒险游戏类似的手法外，还能采用如调整事件发生频率、游戏中敌人强度等办法。

一般来讲，游戏的节奏应该是越来越快的，越接近结尾部分，游戏者越感到在加快步伐接近游戏真正的尾声。另外，决不要使游戏显得冗长，会使游戏者失去继续进行游戏的兴趣，要不断的给游戏者以新的挑战和刺激。

8.游戏的风格

游戏中保持一致的风格至关重要，包括人物与背景、风格、定位等一致。如果不是游戏剧情的特殊需要，不要使人物说出超过当时历史时期的语言，注意时代特征。

七、游戏中电影语言的应用

1.铁的法则：摄像机不能跨越轴线

所谓轴线是指由被摄对象的视线方向、运动方向和相互之间的关系形成的一条假定的直线。一般情况下，摄像机在选择拍摄角度时，不能随意越过画面中的轴线，而只能在轴线一侧的180°之内进行拍摄，按照人物角色的活动，只有这样才是构成画面空间统一感的基本条件，如图3-9所示。换句话说，拍摄时严禁跨越轴线，如果要跨越轴线，也不是不可以，那就一定要让观众能够看见摄影机的移动过程，不要将绕行的过程剪辑掉，这些手法一般在游戏的过场动画中有所应用。

2.电影中的对话

对话对于人物个性的展现起着至关重要的作用。无论在戏剧、影视、游戏中，对话都是体现主人公性格特点的好方法，对话不要单调呆板，可以夸张一些，也有必要带上一些幽默的成分。同时，游戏主题要在对话中得以体现。游戏毕竟是娱乐产品，让游戏者得到最大的享受和放松才是它最突出的功能。如不是严肃题材限定的话，不妨适当放松对话的尺度，不必完全拘泥于时代和题材的限制。

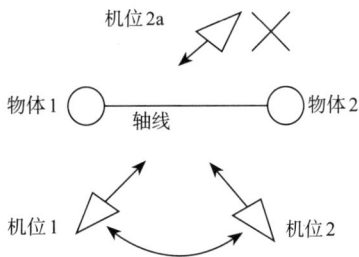

图3-9　机位

3.剪辑在游戏中的应用

很多从事影视创作的人员，喜欢在游戏中用剪辑手法来衔接游戏的各个场景。除特殊需要，剪辑手法很少用到实际制作中。不过对于交代剧情和展示全局是很好的选择。

4.视点在游戏中的应用

在电影的手法中也有第一人称、第三人称视点。要注意的是，在同一部游戏中，不要做视点之间的切换，因为切换会造成游戏者的困惑和游戏概念的混淆。一般游戏全部以第一人称视角进行，但过场动画是第三人称视角。

八、游戏的剧本设计

1.游戏的类型

即时战略游戏、角色扮演类游戏、冒险游戏、混合类型等。融合若干游戏类型的游戏是最具前景的游戏。很可能以后的游戏类型全部要由这种游戏类型所代替。

2.游戏设计中的技巧

（1）定时器的作用

在游戏中，定时器的作用是给游戏者一个相对的时间概念，使游戏的发展有一个参考系统。可以将两种定时器混合使用，但不能造成玩家的困扰。

（2）界面的设计

游戏界面设计尽量简单、易于理解，多采用图象、符号式的界面设计，少采用单调、呆板的文字菜单方式，要更新界面设计的观念。

（3）游戏中的真实与虚构

游戏者在玩游戏时体验不同于现实生活，游戏的世界可以是虚构的，但游戏中的人物、感情等则必须是真实的。游戏的内涵要贴近生活，但游戏的题材可以是各种各样的。

（4）设计道具

游戏道具的设计要合理、全面，如不可能将一辆坦克装到自己的背包中去。假设游戏者要将一枚钉子钉进墙壁中，就需要一把铁锤或者一块石头。在现实生活中可以用石头钉钉子，在游戏中也应该可以用石头钉钉子，而不能在游戏者准备使用石头钉钉子时，出现"喔，你不能这样使用"的提示。有一点需要游戏设计者十分重视，设计者的任务是尽量帮助游戏者，而不是增加游戏难度。

（5）角色扮演类游戏设计的误区

角色扮演类游戏中最常见的两个误区是"死路"和"游荡"。死路指游戏者将游戏进行到一定程度以后，突然发现自己进入了死路，没有可以进行下去的线索和场景。出现这种情况是因为游戏设计者没有做到设计全面，没有将所有游戏的可能流程全部设计出来，而游戏者又没有按照游戏设计者所规定的路线前进，从而造成了在游戏过程中的死路。游荡指游戏者在广阔的地图上任意移动，难以发现将游戏进一步发展下去的线索和途径。这种现象在表现上很类似于死路，但两者有本质的不同。解决游荡的方法是在故事发展到一定程度的时候，就缩小世界的范围，使游戏者可以到达的地方减少，或者使线索更加明显，给予更多的提示，让游戏者能够轻松地找到自己的目标。

（6）游戏的交互性与非线性

交互性指游戏者在游戏中所做的动作或选择有反馈。例如，一名英雄到达一座城镇中后，城中没有人知道他，当他解决城镇居民所遇到的难题后，他在城镇中应该就成为了一名知名人士，居民们见到他以后会有反应。再如，当主人公帮助了一名非玩家角色后，这名非玩家角色以后见到主人公的态度应该有所不同。而更加完善的设计是给主人公加上某个参数，使他一系列的所作所为都可以影响到游戏的进程和结局。非线性指游戏的结构是开放的，而不是单纯的单线制或是单纯的多线制，即游戏的结构应该是网状，而不是线状或是树状，即游戏中分支之间允许互相跳转，不是单纯的树状，如图3-10所示。

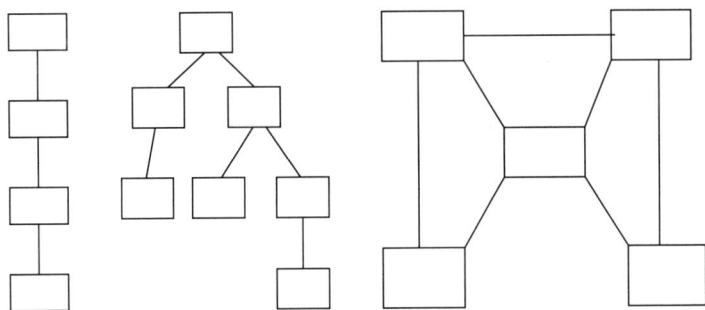

图3-10　游戏的结构

（7）游戏中的奖励和隐藏设计

游戏进行到一定程度时要给游戏者一些奖励，如漂亮的画面、精彩的过场动画、道具等在正常游戏过程以外得到的东西。同时，与奖励类似的隐藏设计，如作弊模式用的无敌密码、隐藏关卡、隐藏人物等设计，这些设计非常有意思，也很有必要加上。但是要注意隐藏设计不要影响游戏的正常进程。

（8）关于游戏中的死亡

在游戏中，只有让游戏者从角色的死亡中学到东西，这种设置才是有益的。

（9）游戏中的对话

游戏中的对话分为无对话游戏、有限对话游戏、自然对话游戏，对话的设计要带有情绪性，才能明确的让游戏者做出他想做的选择。好的游戏设计者应该能够写出出乎游戏者意料的对话。当游戏者选定一个对话选项后，其余话题将自动隐藏，后续话题将依据所选的第一个话题展开，不要让游戏者看到已出现过的话题，以此提升游戏交互的流畅性与新鲜感。对话不要单调的重复，一般要有50句左右的常用无意义的对话，它们之间相互组合，才可以使游戏者不觉得对话单调。不要遇到某个非角色玩家时的对话总是"你好"，而要尽量做到每次不同。

九、游戏设计者与其他人员的合作

设计者超前的设计如果能够与编程人员恰当合作，双方相互协调的结果，能够让双方都能接受，就可以创造出效果惊人且成功的游戏。组员中每个人对于游戏都应有自己的想法，设计人员要充分采纳好的建议，但一定要有一个明确的主设计思想和一个能够为整个游戏负责的人，当出现不一致的情况时，他可以有最终决定权。

十、多人在线游戏

1.理想的MUD结构

如图3-11所示，大圈代表整个游戏世界，小圈代表剧情的发生地点，空白代表世界中的原野、城镇、乡村……游戏者在游戏世界中不受限制，可任意移动、随机触发事件。各事件之间并无必然的联系，然而某一件事一旦发生，便会对整个世界产生影响，例如其他地方的人们得知该事件的发生后，就会改变对游戏者的态度。

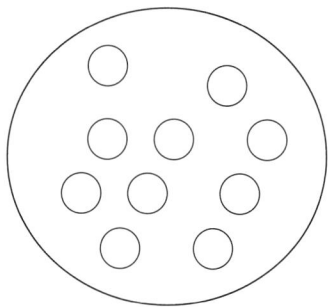

图3-11 游戏世界

2.混沌理论

混沌理论在游戏中指事件接近随机的发生，但实际上是有规律可循的。李·谢尔顿（Lee Sheldon）对此有自己的一个理论："糟糕的一天"理论。如以下事件发生对你有影响，领带皱了、和同事吵架了、没有吃中午饭、钱包丢了、车子坏了……这些事情可以在任何一天发生，你又不知道什么时候发生，一旦它发生，肯定会对你情绪有影响，而且发生的件数越多，对你情绪影响就越大。当发生的次数足够多的时候，你会认为你度过了"糟糕的一天"。在游戏中情形也类似，游戏者不知道将会遇到什么，如果遇到一定数量的事件，游戏者就会有感觉了。

第四章

移动UI设计

【引入】

人机界面学

1.人机界面

计算机系统是由硬件、软件和人共同构成的人机系统，人与硬件、软件的交叉部分即构成人机界面，三者缺一不可。

2.人机界面学的起源与发展

人机界面学是由众多面向人的学科和面向计算机的学科组成的多学科、综合性学科。其中，面向人的知识和方法主要来源于哲学、生物学、医学、心理学以及人机工程学等。除了人机工程学外，其他学科都是在18世纪、19世纪或20世纪逐步形成和建立的。

3.人机界面学的研究内容

人机界面学主要是计算机科学和认知心理学相结合的产物，还涉及哲学、生物学、医学、语言学、社会学等，是一门跨学科、综合性的科学。它的研究范围很广，有硬件界面、界面所处的环境、界面对人的影响到软件界面、人机界面开发工具等，包括以下分支和内容。

（1）认知心理学

从认知心理学的观点来研究用户人机交互的原理，包括通过视觉、听觉等接收周围信息的感知过程，以及通过人脑记忆、思维、推理、学习、求解等心理活动的认识过程。

（2）人机工程学

从系统工程和应用心理学的角度，考虑机器的设计和制造，使其能适应、补充和延拓人的能力。在人机界面学处于初级阶段时，人机工程学是最活跃、最主要的分支，曾经对人机界面学的发展作出很大贡献。初期人机工程学的特点，一般只涉及硬件和硬件界面，很少涉及软件和软件界面；一般只涉及人的体能行为，很少涉及人的认知行为。随着人机工程学的发展，将研究范围扩展到对软件人机界面分析、描述、设计和评估等方面，并考虑拓展人的心理特性。

（3）社会学与人类学

在人—机—环境的大系统中，需要研究人机系统对社会结构产生的影响，以及群体交互活动中关于人类学的若干现象。

（4）计算机语言学

计算机语言学是专门研究人机界面中的多种类型的语言，如"自然语言"、命令语言、菜单语言等，以及涉及计算机语言学和形式语言理论等方面的内容。

（5）人机界面开发工具

人机界面学的研究可以在很多方面提高产品的设计、服务、生活质量和生产率等。

随着计算机和互联网的发展，人机界面的应用逐步渗透社会的各个角落。人机界面发展的目的是设计最佳的系统，以实现整个系统的使用目标。

第一节　移动设备图标设计

一、认识移动UI设计

1. UI设计的相关概念

UI是指对软件的人机交互、操作逻辑、界面美观的整体设计。优秀的UI设计不仅要保证界面的美观度，更要保证交互设计的可用性及用户体验的友好度。在设计领域，UI分为WUI和GUI。WUI全称Web User Interface，即网页界面，主要从事计算机端网页设计的工作；GUI全称Graphical User Interface，即图形用户界面，主要从事移动端软件的设计工作。

2. 移动UI设计的概念

移动UI设计是UI设计的一个分支，主要指针对移动设备软件的交互操作逻辑、用户情感化体验、界面元素美观的整体设计。移动UI设计因其设备的独特性，较其他类型的UI设计具有更严格的尺寸要求及手机系统限制。从设计范畴来看，移动UI设计主要体现在移动应用界面设计、移动端网页界面设计、微信小程序设计及H5（HTML5的简称，是构建网页的一种标准语言）设计等。

二、移动UI设计的特点

1.设计极简

科技的发展使移动设备的屏幕在尺寸上有了较大的改变，但相对于计算机和笔记本电脑屏幕尺寸依旧较小。因此，要在有限的空间中进行元素的设计不宜太过复杂，不然不利于信息的传递。纵观移动UI的设计从拟物化到扁平化，甚至为了更好的进行信息展示，iOS11之后的设计风格都围绕着"大而粗、简而美"的原则进行界面设计。

2.设计适配

由于智能手机、平板电脑型号的碎片化及多样化，在设计时应充分考虑文字、图标、图像、界面布局等适配的问题。如移动应用，通常设计师会选用一款常用的、方便适配的屏幕尺寸进行设计，而后不必再大规模对其他尺寸的屏幕界面进行重新布局，只需针对不同屏幕尺寸进行切图输出，再交由技术端进行适配。

3.交互丰富

在移动UI使用过程中，用户与界面的交互是非常频繁的，运用合理的动效设计，让用户在操作过程中获得更流畅的体验，通过智能推荐算法，为用户推荐更符合其需求的内容和功能，优化交互流程，减少用户的操作步骤和等待时间。同时，设计师需要不断创新和尝试新的设计理念和元素，引入新的交互方式、运用新的视觉风格、结合热门话题或节日元素等，为移动UI增添独特的魅力和吸引力。

三、移动UI设计的原则

1.视觉美观

视觉美观是移动UI设计最基本的要求。

2.一致性

一个软件中存在多个界面，大到外观风格，小到组件、动效和交互行为，都应保持一致性。

3.突出主题

（1）表现形式符合主题需要

设计界面时，过于追求花哨的表现形式，容易过于强调创意而忽略主要内容；

而只追求功能和内容，采用平淡无奇的表现形式，会使界面苍白无力。只有二者结合，让表现形式为内容服务，才能突出主题。

（2）确保元素必要性

设计界面时，要确保每个元素都有存在的意义，不要单纯为展示设计理念和新技术添加一些毫无意义的元素，这会使用户感到莫名其妙，弱化主题效果。

4.用户中心

（1）符合用户操作习惯

无论是单手操作还是双手操作，用户的操作习惯都是有章可循的，只有掌握用户的操作习惯，并将其用于界面设计中，才能给用户更好的操作体验。

拇指热区是指用户在单手操作时，拇指的触摸范围，该范围分为易操作区、伸展区和不易操作区，如图4-1所示拇指热区。

内容在上原则，即让使用者在操作过程中手指始终处于界面下方，不会出现手指遮挡内容的情况，如图4-2所示。

图4-1 拇指热区

图4-2 内容在上原则界面设计

设计师应根据按钮功能对按钮位置进行合理安排，避免用户因不小心碰触而增加操作步骤，如图4-3所示，按钮设计。

（2）简化操作步骤

图4-3 按钮设计

用户使用应用程序是为了解决问题，设计师应把握这点，尽量减少无用的操作步骤，通过简洁的操作流程提升用户体验。如想微信中更换头像，只需点击头像，在照片库中选择图像即可。

（3）容错性反馈

优秀的应用程序应确保用户的任何操作都具备可逆选项或危险提示。当用户作出删除、调整、不恰当或错误操作时，应当有危险提示介入，如图4-4所示。

5.快速加载

（1）优化图片

在不影响功能和美观的前提下，能用代码实现的效果就尽量不用图片。在保证质量的前提下尽量压缩图片，以确保用户浏览顺畅，缩短加载时间。

（2）提供进度条或等待动画

合理利用功能较多的应用程序启动时的加载时间，加入进度条和当前操作状态提示，如图4-5所示，进度条设计。

图4-4　容错性反馈界面设计

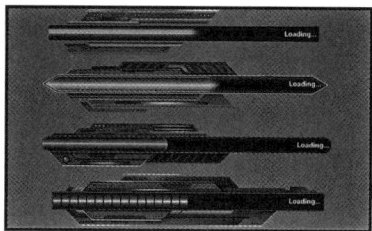

图4-5　进度条设计

四、移动UI设计的常用软件

UI设计常用软件可以通过界面设计、动效设计、网页设计、3D渲染、思维导图、交互原型等六个方面进行介绍。

1.界面设计类

Photoshop，简称PS，是Adobe公司开发和发行的一款图像处理软件。PS是大部分UI设计师进行界面设计的首选工具。

Sketch是基于苹果系统的专业制作UI工具，是可以迅速上手的轻量级矢量设计工具。

Adobe Illustrator，简称AI，是一种应用于出版、多媒体和在线图像的工业标准矢量插画软件。主要应用于印刷出版、海报书籍排版、插画、多媒体图像处理和网页界面的制作等，也可以为线稿提供较高的精度和控制，适合生产从小型到大型的复杂设计项目，在图标制作中也显示了超凡的性能。

Experience Design，简称XD，是由Adobe公司开发和发行的集原型、设计和交互于一体的软件，兼容Windows和Mac双平台。

2.动效设计类

After Effects，简称AE，是由Adobe公司开发和发行的图形视频处理软件。AE

制作出来的动效细腻入微。

Principle是基于苹果电脑系统的一款专业制作具有完整交互动画的原型设计软件，并且可将交互动画生成视频或者GIF分享到社交平台。此外，还支持多种尺寸的原型设计，包括数码手表的界面。

3.网页设计类

Adobe Dreamweaver，简称DW，中文名称"梦想编织者"，是集网页制作和管理网站于一身的网页代码编辑器。此软件利用对HTML、CSS、JavaScript等内容的支持，设计师和程序员可以在几乎任何地方快速制作和进行网站建设。

Hype3是基于苹果电脑系统的一款专业制作网页设计的工具，它的主要优势体现在能帮助不会编程的设计师轻松创建H5和复杂的动画效果。

4.3D渲染类

Cinema 4D，简称C4D，是德国Maxon公司开发的一款能够进行顶级的建模、动画和渲染的3D动画软件，能和PS、AI、AE等各类软件进行无缝结合。通过C4D设计出来的作品被广泛运用到Banner、专题页以及活动页等设计中。

5.思维导图类

MindManager，俗称脑图、心智图，美国Mindjet公司开发的不仅是一款可以创造、管理和交流思想的绘图软件，更是一款方便使用的项目管理软件。

XMind是一款思维导图软件，应用Eclipse RCP软件架构，打造易用、高效的可视化思维软件。

6.交互原型类

Axure RP是一个专业的快速原型设计工具，能够快速创建应用软件或网站的线框图、流程图、原型和规格说明文档。同时，支持多人协作设计和版本控制管理。

墨刀是一款在线原型设计与协同工具，能够搭建为产品原型，演示项目效果，还支持Sketch的导入，加入了工作流的功能。

五、像素图标的绘制

像素图标其实是由多个点组成的，又名点阵式图像。像素图标属于位图，而位图的最小单位是1个像素（1pixel）。像素图标强调清晰的轮廓、明快的色彩，常采用GIF或PNG格式，通常为16px、24px、32px等。尺寸精致，信息容量小。通常被用在计算机界面、手机游戏、GIF表情、计算机状态栏、手机信号栏等。图标是网页中的常见元素，主要功能是表意，包含装饰及品牌传递的作用。像素图标可以理解为像素风格的图标，不一定是以位图格式存在。与像素图标相对的是矢量图标，通常以SVG格式及字体格式存在，大小可随意调整。

1.像素图标常用PS工具与菜单设置

（1）PS中主要使用的工具

铅笔工具：长按【画笔工具】后切换。

油漆桶：取消勾选【消除锯齿】。

吸管工具：在使用【画笔工具】时，按Alt按可快速切换到【吸管工具】。

橡皮擦：选块模式。

其他选取工具有【选框工具】【魔棒工具】。取消勾选【消除锯齿】。

（2）PS菜单内的设置

【参考线】【网格】【切片】命令，如图4-6所示；设置【间隔】与【子网】参数，如图4-7所示；【网格】显示，如图4-8所示。

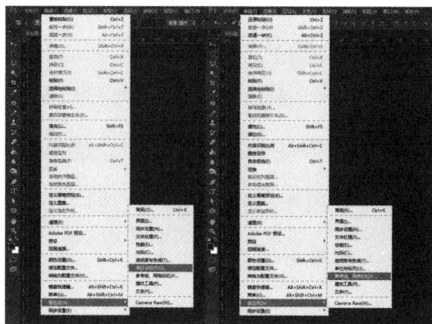

图4-6 【参考线】【网格】【切片】命令

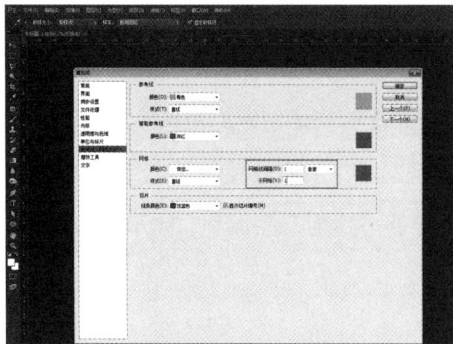

图4-7 【间隔】与【子网】参数

图4-8 【网格】显示

2.像素图标的透视

像素图标可以用正视、一点透视或两点透视来绘制。红色小点为透视消失点，像素游戏、像素立体图标都用斜上方45°角俯视视角，如图4-9所示图标透视示意图。

3.像素图标的格式与透明

像素图标一般包含全透明、alpha透明、图片格式及兼容性几类。全透明是指图片的格式只支持完全透明和不透明两种状态，alpha透明是指图片格式可以支持不同的透明程度，如图4-10所示为图片格式对透明度支持度及浏览器兼容性。如图4-11所示为全透明与alpha透明对图标的影响示意图。

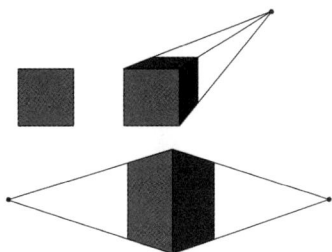

图4-9 图标透视示意图

GIF	PNG-8	PNG-24
256索引色	256索引色	1667万色
全透明	全透明	alpha透明
无兼容性问题	无兼容性问题	ie6不兼容（需要CSS滤镜）

图4-10 图片格式

4.像素图标的取色

像素图标使用的颜色比较少，一般使用一个渐变色，然后从等距中取出3、5或者8等数份颜色，做出色板，放在一边待取用。少量的颜色有利于今后减少存储容量，这在GIF和PNG图像里特别明显，如图4-12所示为色板取色示意图。

5.像素图标线条的规范

像素线条简洁清晰、粗细一致，不能有多余的点，画完以后要清理线条。一般来说，规整布点出来的线段更加美观，如图4-13所示为像素线条规范示意图。

6.像素图标线条的渐变布点

颜色相同的点，布点的疏密可造成图像灰度的差别形成渐变。如果将点换成彩色，可做出两种颜色以上的渐变，图4-14所示为像素的深浅渐变线条处理示范。

全透明

在灰色背景下优化过的图标 / 放在蓝色背景下，会出现杂边 / 要避免这种情况就需要限制视觉效果

alpha透明

在灰色背景下可使用 / 蓝色背景下可使用

图4-11 全透明与alpha透明图标

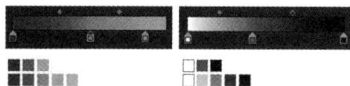

图4-12 色板取色示意图

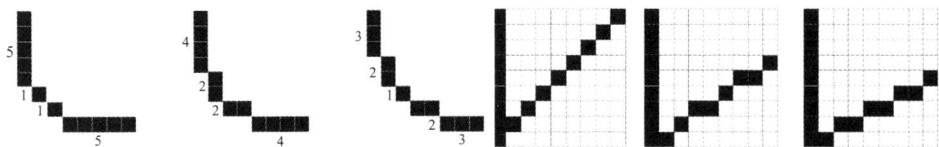

图4-13　像素线条规范示意图

图4-14　像素的深浅渐变线条处理示范

7.像素图标绘制注意事项

第一，当图标很小的时候，勿加过多的没有标示性的冗余元素，而应该使整体外观造型清晰。

第二，图标的边缘像素要处理得实一些、锐利一些，这样的图标看起来比较精致。如果是小像素图标，色板的配色区间要统一、有整体感，如图4-15所示为像素图标的绘制细节。

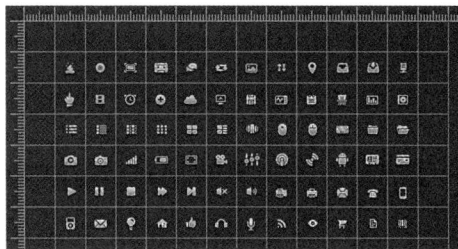

图4-15　像素图标的绘制细节

8.绘制立方体像素图标实例

（1）像素画线

第一，使用直线工具设置为像素，取消勾选消除锯齿，设为1px粗细。画的时候，软件工具会提示角度，差不多是26.6°。有时直线工具不是那么可靠，如果角度不是完全正确的话，画出来的线可能会变得很乱。

第二，画一个40px×20px的巨型选区，使用铅笔工具（设为1px大小）在左下角画一个像素，然后按住Shift，在右上角再画一个像素，PS会自动在两点之间画一条直线。熟练画线后，不用选区也能画出准确的线。

第三，用铅笔工具画两个相邻的像素，选中它们，按住Alt+移动在对角对齐。然后选中这两组像素，重复上述步骤使之延长。如图4-16所示为等角线的绘制。

等角线条可以使用各种符合规则结构的线条，但是每一步伸展得越长，看起来就越毛糙，如图4-17所示。如图4-18所示为等角线条错误示范。

图4-16　等角线的绘制　　　　图4-17　等角线条规则结构　　　　图4-18　等角线条错误示范

（2）绘制像素体

如图4-19所示为像素体绘制。

9.绘制卡通像素图标实例

如图4-20所示为卡通像素图标。

图4-19　像素体绘制　　　　　　　　图4-20　卡通像素图标

第二节　移动端布局规范

对于设计师来讲，在日常产品的交互设计中，界面的排版和布局的选择很另其纠结，界面的排版布局直接影响了用户体验，一个合适的排版是值得持续打磨的事情。

一、界面设计尺寸

移动设备的体积小是其最大的设备特点。影响显示端体验的要素有两种：屏幕尺寸和分辨率。目前市场上的移动设备类型层出不穷，仅仅智能手机的终端屏幕尺寸就多达几十种。主流的尺寸从5.9px到11.6px甚至更大。分辨率也由640px×480px到2160px×1080px不等。便携的移动设备极大地方便了用户的网络体验，但尺寸大小也限制了复杂的交互操作。如大部分移动设备用户不会接受需要频繁使用双手的操作系统和软件。

1.iOS设备

目前主流的iOS设备尺寸有：iPhone SE（4英寸）；iPhone 6S/7/8（4.7英寸）；iPhone 6S/7/8 Plus（5.5英寸）；iPhone X（5.8英寸）。

2.各系统栏高

较为常用的设计尺寸中，iPhone6S/7/8 Plus和iPhoneX设计尺寸采用的是3倍分辨率，其他则是2倍率分辨率，如表4-1所示为各系统常用的设计尺寸。

表4-1 各系统常用的设计尺寸

设备	分辨率	状态栏高度	导航栏工具栏	标签栏高度
iPhone SE	640px×1136px	40px	88px	98px
iPhone 6S/7/8	750px×1334px	40px	88px	98px
iPhone 6S/7/8 Plus	1242px×2208px	60px	132px	147px
iPhone X（@3x）	1125px×2436px	132px	132px	147px
iPhone X（@2x）	750px×1624px	88px	88px	98px

二、页面边距和间距

1.全局边距

全局边距指页面内容到屏幕边缘的距离。常用的全局边距为32px×30px；24px×20px为极限边距，尽量不要低于20px。

2.卡片间距

卡片间距指页面中每个卡片之间的距离。常用的卡片间距为16px、20px、22px、28px、30px、34px、40px，以上的间距再大就过于松散了。

3.页面内容间距

页面内容间距指每一部分内容和文字之间的距离。一款应用软件中除去上文提到的有明确数值区间的控件以外，剩下的内容布局和间距就比较灵活多变了，没有具体的规定。

三、内容布局间距

1.列表式布局间距

列表式布局间距指每个列表的高度。常用的列表高度为144px、132px、112px、142px，80px则为极限间距。

2.卡片式布局

卡片式布局指每个页面可显示的卡片数量。常用的卡片式布局为1~4个。一般电商类应用软件卡片应用比较多，是为了展示更多商品。

四、界面设计比例

界面设计比例没有严格规范，但比较符合黄金比例（1∶0.618）的尺寸有16∶9、4∶3、3∶2。

五、统一风格的图标

在界面设计中，功能图标通常是由许多不同的点线面构成的，它们贯穿于整个产品的所有页面并向用户传递信息。一套应用软件图标应该具有相同的风格，包括造型规则、圆角大小、线框粗细、图形样式和个性细节等元素都应该具有统一的规范，这样可以给用户高度统一的视觉体验。

六、版式规范

版式设计是在有限的版面空间里，将版面的构成要素，如文字、图片、控件等，根据特定的内容进行组合排列。优秀的排版要考虑用户的阅读习惯和设计美感，下面是我们经常用到的版式规范。

1.对齐

对齐是贯穿版式设计的最基础、最重要的原则之一，它能建立起一种整齐划一的外观，带给用户有序一致的浏览体验。包括左对齐、居中对齐、右对齐。

2.对称

人的形体是对称的，设想一个人少一只眼或嘴歪在一边，就会被认为是不美的。英国诗人布莱克（Blake）曾说对称是一种美，诗人们寻找韵律的对仗和整齐的叠句，正是出于对诗歌形式美的追求。在应用界面的设计中，引导页设计、注册登录输入框和按钮等大多都是对称的设计。

3.分组

分组是将同类别的信息组合在一起，直观呈现在用户面前，这样的设计能够减少用户的认知负担，在移动端界面的设计中最常见的分组方式就是卡片，可以为用户提供专注而明确的浏览体验。

七、界面文字规范

文字是应用软件中最核心的元素，是产品传达给用户的主要内容，所以文字的字体、字号、加粗、倾斜、颜色等规范就显得格外重要。如应用软件中字号一般在20~36号之间，现在又出现了大标题的设计，所以字号需根据产品属性酌情设定。所有的字号设置都必须为偶数，上下级内容字号极差关系为2~4号，如表4-2所示为常用的字号。

表4-2　常用的字号

字号	使用场景	备注
36px	用在少数标题	如导航标题、分类名称等
32px	用在少数标题	如列表店铺标题等
30px	用在较为重要的文字或操作按钮	如列表性标题分类名称等
28px	用于段落文字	如列表性商品标题等
26px	用于段落文字	如小标题模块描述等
24px	用于辅助性文字	次要的标语等
22px	用于辅助性文字	次要的备注信息等

字体普遍采用华文黑体、思源、冬青等进行设计。文字颜色一般很少用纯黑

色，基本都用深灰色和浅灰色。文字重用可以区分重要信息和次要信息，进行信息层级的划分。

八、适配切图

在设计工作中有可能需要设计一套基准设计图来达到多个分辨率终端的适配，所以我们可以将中间尺寸 750px × 1334px 作为基准，向下适配 640px × 1136px，向上适配 1242px × 2208px、750px × 1624px、1125px × 2436px，如图 4-21 所示。

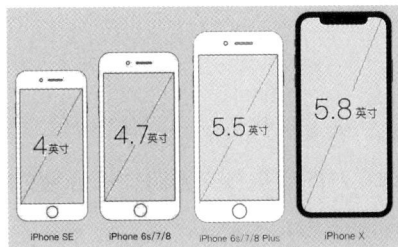

图 4-21　适配切图

1. 750px × 1334px 向下适配 640px × 1136px（@2x）❶

750px × 1334px 和 640px × 1136px 两个尺寸的界面都是 2 倍的像素倍率，切片大小相同，即系统图标、文字和高度都无须适配，需要适配的是宽度。750px × 1334px 到 640px × 1136px 都是 2 倍的像素倍率，界面的图标、文字大小等都是相同的，不需要改变图像大小，只需将画布大小改成 640px × 1136px 即可，再改变横向元素间距以达到适配的目的。

2. 750px × 1334px 向上适配 1242px × 2208px（@3x）

750px × 1334px 界面是 2 倍的像素倍率，而 1242px × 2208px 是 3 倍的像素倍率，也就是说 1242px × 2208px 界面上所有的元素的尺寸都是 750px × 1334px 界面上元素的 1.5 倍，所以我们在进行适配的时候直接将界面的图像大小变为原来的 1.5 倍，然后调整画布大小为 1242px × 2208px，最后调整界面图标和元素的横向间距的大小完成适配。

3. 750px × 1334px 向上适配 1125px × 2436px（@3x）

iPhone X 的像素分辨率为 1125px × 2436px（@3x），在实际工作中为了方便向上和向下的适配，可以选择常用的 iPhone 7（750px × 1334px）的尺寸作为版面设计，只是高度增加了 290px；设计尺寸为：750px × 1624px（@2x）。设计完成之后将设计稿的图像大小拓展 1.5 倍，即可得到 1125px × 2436px（@3x）尺寸的

---

❶ 为一种屏幕分辨率的标注方式。

设计稿。需要注意状态栏由之前的40px增加到88px，标签底部预留68px用于放置主页指示器。

第三节　图像交互设计

随着现代科技的不断发展，人们进行图像设计时所采用的技术也在不断革新。如在对图像进行交互时，在原有的图像交互系统方面加以处理，以提升交互效果，探索的是人与产品、服务或系统交互过程中的设计问题，包括动作与信息的接收、认知与反馈等过程。设计的目的是让产品、服务或系统与人的交互行为和心理活动自然吻合，最大限度地减少问题和障碍，以提升用户体验。

一、图形交互界面

交互由行动和相互两部分组成，如通过视觉和触觉感知杯子的存在，并且给杯子一个"端起杯子"的行动，如果杯子没有反馈，人和杯子之间就没有交互发生。再如人使用手电筒时，按下电源键灯亮，再按一次灯灭，人和产品之间就构成了简单的交互。界面是人和物、人和人、物和物之间感知和互动的层面，感知的主体可以是人，也可以是物。物作为感知的主体，就是我们所说的智能化。交互或者互动，是发生在用户界面场域的，用户基于既定目标、完成任务的行为。用户界面首先是人和机器交互的一个场域（Field）。用户通过交互行为，完成任务达成目标。其次，用户界面是可以被设计的，是美学本质的体现，用户在此过程中可以感受美的愉悦。依据技术实现的轨迹，用户界面分为物理用户、图形用户、自然用户等界面。

1.物理用户界面

物理用户界面是工业化时代人—机交互的主要通道。人和机器的对话通过各种旋钮、按键、挡杆、方向盘来实现；计算机出现后，衍生出鼠标、键盘、手写板等新的界面，因为这些物体都具备物理属性，故称为物理用户界面。就物理用户界面而言，人依靠触觉感知同机器进行交互。

（1）物理特质，安全感强

相比其他交互形式，触觉给人的安全感最强，这似乎和人类进化史有关。除了睡觉之外，先民们总是手提一个棍子或者长矛，用于狩猎和防卫。去野外时他们习惯手里拿一个登山杖或者棍子，这是安全的潜意识需求。从婴儿的行为也可以看出，其对拥抱和抚摸的感受，其实就是一种对安全的渴望。在智能汽车制造中，最夸张的设计思路就是幻想去掉方向盘，用其他交互通道进行操作，或者纯自动驾驶。从技术的角度看这或许没有问题，但是并非一朝一夕就可以改变用户对安全的需求，尤其是汽车这种安全诉求高的产品。在各种交通工具的驾驶舱里，基于屏幕的图形用户界面，多用来显示信息；而驾驶行动的实施，仍然多是通过物理用户界面，尤其是关键性操作，如转向、刹车来实现的。

（2）操作直接、简单

物理用户界面多用于功能和信息架构简单的产品或者任务，交互反馈的直接性，是其明显的特征，如各种产品的电源开关、多数家电的功能按键等。但是，简单便捷操控也容易造成误操作。

（3）多符号声音、显示灯共同使用

物理用户界面的多符号声音、显示灯共同使用特性如电梯到达某一楼层，通过声音和显示灯来提醒。洗衣机功能选择旋钮也是通过听觉的符号音、视觉的指示灯和触觉的阻尼感对用户进行反馈而形成互动的。

近年来，在物理用户界面设计领域似乎存在这样一种趋势，即屏幕越多越大，产品呈现的科技感就越强。如汽车行业，一些实体物理键钮被屏幕上虚拟的键钮所取代，产生了很多安全隐患。在高速行驶的状态下，这是件很危险的事情。随着人—机交互技术的快速发展，纯物理用户界面的产品越来越少了。其实交互界面的选择要以用户完成任务的安全性和便捷性为原则，多通道并举，合适即好。

2.图形用户界面

图形用户界面是电子化、信息化时代人—机交互的主要通道。芯片和显示屏技术的快速发展，推动了用户界面设计成为一门学科。图形用户界面和视觉传达的区别是前者是可交互的，是双向的，是用户完成任务的通道，多用于产品设计；后者也称平面设计，是单向的寓意表述和信息传达，多用于传播和广告设计。是否具有交互，是图形用户界面和视觉传达的最大差异。当然二者也有共性，比如符号象征的表述、设计美学等。图形用户界面的特点有如下几点。

①通过视觉通道，感知文本和图形信息，直观、清晰易于记忆。心理学研究显示，视觉承载了70%以上的信息感知。

②屏幕为信息长时间显示提供了场地。不像声音信息，转瞬即逝。多层级架构的信息可以在此平铺展开，提供复杂信息交互的可能性。

③辅助于鼠标、键盘、触屏等工具和技术，让人—机交互变得越来越简单。

图形用户界面为视觉美学应用开辟了一个新领域，并促成用户界面设计成为一门学科，创造了新的职业岗位。就目前来说，其依然是主流的人—机交互通道，广泛应用于各类电子产品、家电产品、交通工具等领域，和人们的日常生活须臾不可分。

3.自然用户界面

自然用户界面是随着技术发展而出现的，是一种全新的人—机交互通道。相较于物理和图形用户界面，其不再借助于其他媒介（如键钮、屏幕等），而是让用户和机器直接互动来完成任务。自然用户界面深度依赖智能化技术，通过对使用情景（Context of Use）的智能感知，以及不断地学习，做出行动决策。使用户完成任务的过程更为流畅、自然，并具有情感色彩。

（1）声音用户界面

声音，分为符号声音（Sign）和语言声音（Language）。符号声音指具有寓意象征的短音节，如表示反馈、提醒、或者警告。常用于用户完成任务之后的反馈，如开关的声音为反馈音、电话的铃声为提醒音、汽车的鸣笛为警告音。

语言声音，简称语音。随着语音识别技术的发展，语音用户界面正在逐步普及。相对于屏幕来说，语音的滞留时间很短，适用于指令模式的交互行为，其设计原则也迥异于图形用户界面。语音交互，目前有应用泛滥之倾向，很多产品打着智能的幌子，实际上用户使用起来却更加麻烦了。

（2）手势用户界面

手势是身体语言的一部分。身体语言，指非词语性的体态符号，包括目光、表情、运动、触摸、姿势、空间距离等。身体语言分为有意识的表情，以及无意识的微表情。

手势用户界面的设计，一定要符合用户的习惯和文化背景，如顺时针表示正序，逆时针表示倒序。手势用户界面作为一个交互通道，一般多和其它交互界面并用。

（3）眼动用户界面

眼动用户界面是通过对眼动特征，如注视点、注视时间、注视轨迹和眼跳进行定义，对机器下达指令并进行人—机交互的一个通道。其主要应用于一些特殊人群，如无法使用语言进行沟通的重症病人，可以通过注视屏幕上"喝水"这个词语，并用眨眼的动作进行确认，来表达"喝水"的愿望。

（4）脑波用户界面

脑波用户界面通俗来说就是用意念来控制机器，是所有用户界面里面最神奇的技术。

二、界面交互设计中的特征

界面交互设计或简称为交互设计，是在现代数字媒体爆炸式发展背景下的商品与艺术品设计设计领域。交互设计产品的主要特征是用电容屏为人与计算机提供触摸的交互方式。在许多应用场景下，用手指触摸、点击、滑动等动作进行交互已逐步替代了传统计算机操作键盘与鼠标的人机交互方式。同时，基于新的交互方式的软件界面与交互设计也发生了翻天覆地的变化。例如，双次点击鼠标的操作基本都变成了用手指单次点击，同时为了适应手指的尺寸，大部分的按钮图形尺寸相应变大，必然影响到整个界面的图形结构和文字大小。

随着界面交互的进一步发展，设计研究者发现界面交互不仅带来了人机交互行为动作的变化，也在设计心理方面产生深远的影响。因为减少了人机之间交流的媒介数量、人机之间的距离拉近了，交互方式更偏向了人性的一面。就好比人与人、人与宠物之间的交流方式。人在理性思考时，并未将现实产品冷冰冰的界面当作活物，但近似拟人化的行为已经触发了人情感层面的反应。

人是具有情感的动物，虽然现代生物学和心理学研究发现，其他物种也具有情感机制，但人的本能会促使人将此视作个体本身独一无二的价值。这种由本能驱使的价值认同，在进行艺术设计行为时是不可避免要纳入考虑的因素。数字环境中的交互设计对情感或者情绪的明确认识至关重要，因为设计服务的对象是人。虽然硬件与软件的速度和功能在不断发展，但最终以用户体验为中心才是重中之重。交互设计是人利用身体的某一部分、某一功能进行人机对话，如何进行对话是设计师考虑的重点。

小贴士

界面交互设计的情绪是情感特征

美国心理学家K.T.斯托曼（K.T. Strongman）对情绪下了一个定义，"情绪是情感，是与身体各部位的变化有关的身体状态，是明显的或细微的行为，它发生在特定的情境之中"。斯托曼的观点对触屏交互设计在"情感化"的启发体现在于，一是身体状态的变化。当用户与触屏软件发生交互行为时，身体状态在不同时间上的变化，即交互前—交互中—交互后。二是情感发生在特定的情景中。对设计中的情感化研究的代表人物就是唐纳德·诺曼（Donald Arthur Norman）了，他在《情感化设计》书中认为产品设计行为中处理情感的有三种层次模型：本能层次、行为层次、反思层次。

三、人机交互界面设计

1.通过路径选择读取图片

新建一按钮，在回调函数中编写通过路径选择读取图片的程序。

2.弹出式菜单

在GUI中新建一弹出式菜单，在弹出式菜单的属性"string"中为不同方法进行相应命名。通过"val=get（hobject，'value'）"获得弹出式菜单中不同方法对应的顺序数字1、2、3……，再通过switch语句对不同方法进行封装处理。

3.滚动条

类似于OpenCV中的createTrackerbar，通过"val=get（handles.slider1，'value'）"获得滑动条的实时数据，滑动条数据范围可通过属性中的"max"进行设置。其中handles为界面句柄，slider1为滑动条的tag值。

4.可编辑文本

可编辑文本用于显示结果："set（handles.edit1，'string'，result）"来设置显示内容（其中edit1为可编辑文本的属性tag值，result为要显示的结果对应的变量名）。如果要显示的结果不是字符串，如果是数字类型的数据a，那么需要用num2str（a）函数将其转换为字符串才能显示。

【案例】

屏幕显示界面设计

好的屏幕界面能为软件带来好的应用效果。设计出好的屏幕界面，需要遵循一定的原则、原理与方法。屏幕显示界面的设计主要包括布局、文字与用语、颜色等。

1.布局

通过人眼定位的研究表明，人们看到信息显示时，第一眼往往看显示屏左上部中间的位置，并迅速向顺时针方向移动。在这个过程之后，人眼视觉才受对称均衡、标题重心、图像及文字的影响，因此可以说，屏幕左上角是人视线的明显起动点。人的感觉机制总是寻求有序、有意的信息，在遭遇混乱时总是试图强行建立有序结构，因此无论一个屏幕是富有含义、具有明显格式的，还是混乱、模糊的，人总是能迅速地辨认和理解。因此屏幕的编排应是均衡、规整、对称、有可预料性、经济、简明、连续、整体性强、比例谐调并编排合理的，要为诸如命令、错误信息、标题、数据区等特定信息保留特定的区域，并使这些区域在所有屏幕上保持一致。屏幕构成元素一般都有其放置的规律，具体如下。

屏幕的标题一般位于屏幕的上中部，有利于产生对称感。屏幕标志符号、顺序数等通常置于右上角，这是在大多数屏幕中使用频率相对较低的位置，如果还有其他如时间、日期等的参考信息，则可以在屏幕左右分别放置，利于屏幕整体布局的均衡。屏幕主体常占用屏幕上的大部分区域，通常从中上部到底部稍上部分，这里的内容描述应简短，并且图像质量要高。

有关信息项，如状况、情况、注释行等应该放在屏幕底部，刚好在命令区域功能键之上的位置，因为这个位置能空出相当的空间，并从视觉上在命令区和功能区上做出分割。当然，信息也可以在信息窗中显示。功能键区、按钮区等可放在屏幕底部。研究证明，命令区位于屏幕底部和顶部的效果不同，在位于底部时，效果更好一些，并且能减少使用者头部移动的次数和范围。菜单条等则应放在屏幕顶部。

一个屏幕只要设计得具有美感，令人赏心悦目，就对用户具有吸引力，能引起人下意识的注意，快速准确地传递信息。相反则会带来误导，并造成用户的思维的混乱。怎样的界面设计才能具有艺术性、引人注意呢？研究发现了大量关于能引发视觉愉悦处理的规则，它们是均衡、规整、对称、可预见性、简明、连贯、整体性、简单、编排合理。

屏幕布局因功能不同，所考虑的侧重点也不同。各功能区要重点突出，功能明显。无论哪一种功能设计，其屏幕布局都应遵循如下五项原则。

（1）平衡原则

平衡原则指设计中应注意屏幕上下左右的平衡。不要堆挤数据，过分拥挤的显示也会使用户产生视觉疲劳和接收错误。

一般正文显示每屏不应超过12~16行，每行不超过40~60字符。如果显示不下，可以采用翻滚技术。由于空行及空格会使屏幕结构合理，阅读、查找方便，因此要注意提供必要的空白；相反，密密麻麻的显示会损害用户的视觉印象，不利于用户把注意力集中到有用的信息上，必然增加了查找有用信息所花费的时间。

（2）预期原则

预期原则指屏幕上所有对象，如窗口、按钮、菜单等处理应具有一致性，使用户对其下一步操作可预期。所谓一致性是指相同类型的信息在使用前后以一致的方式显示，包括显示风格、布局、位置、所用颜色等的一致性。一致性的显示有助于用户学习、记忆和使用。对于程序结果输出，显示应该与实际目标一致，如显示的报表应采用和实际报表一致的格式。

（3）经济原则

经济原则即在提供足够的信息量的同时要注意简明，清晰。特别是媒体，要运用好媒体选择原则。所用词汇应是用户所习惯的，并以尽可能少的文字表达准确的信息。必要时可以使用意义正确的缩写形式，如"Delete"用"Del"表示。还可以在显示中使用黑体字、下画线、加大亮度、闪烁、负像及彩色显示来强调某些重要的、需引起用户注意的信息。

（4）顺序原则

顺序原则强调对象显示的顺序应依需要排列。通常最先应出现对话，再通过对话将系统按相应逻辑分段实现。有很多因素可用于决定信息显示的顺序：按照使用顺序显示信息，如提问式用户输入时，先提问的问题先显示；按照习惯用法顺序，如人员档案信息总是先序号，再姓名、性别、年龄、地址等；按照信息重要性顺序，重要信息在前面显示；按照信息使用频度，最常使用的信息在前面显示，像在菜单项排列中，最常用的菜单项作为首项显示，重码拼音汉字显示时常用汉字先显示，在其他情况下，可按字母顺序或时间顺序显示。

（5）规则化

规则化指画面应对称，显示命令、对话及提示行在一个应用系统的设计中尽量统一规范。在屏幕布局设计时，还要注意到一些基本数据的设置，并做出多种设计方案，这些设计方案可在显示屏幕上直接开发。

2.文字与用语

系统信息的措词对用户使用系统会有影响，特别是新手。设计者只要采用更有针对性的诊断信息，提供建设性的指导，采用以用户为中心的措词，选用合适的格式，以及避免含糊的词语或数字代码，就可以改善系统的使用效果。

在给出指令时，注意用户和用户任务。避免拟人式措词，要使用第二人称形式来引导新用户。简单扼要常常更为有效。文字与用语除了作为正文显示外，还在设计题头、标题、提示信息、控制命令、会话等处出现。设计文字与用语的格式和内容时，应注意如下原则。

（1）简洁性

简洁性包括：避免使用计算机专业术语，尽量用肯定句而不要用否定句，用主动语态而不用被动语态，用礼貌而不过分的强调语句进行文字会话，对不同的用户按心理学原则使用用语，英文词语尽量避免缩写，在表示按钮、功能键时应尽量使用描述操作的动词，在有关键字的数据输入对话和命令语言对话中采用缩码作为缩写形式，在文字较长时可用压缩法减少字符数或采用一些编码方法。

（2）格式

在屏幕显示设计中，一幅画面中的文字不要太多，若必须有较多文字时，尽量分组分页，在关键词处进行加粗、变字体等处理，但同行文字尽量字型统一。英文词除标题外，尽量采用小写和易认的字体。

（3）信息内容

信息内容显示不仅要采用简洁、易懂的语句，还应采用用户熟悉的简单句子，尽量不用左右滚屏。当内容较多时，应以空白分段或以小窗口分块，以便记忆和理解。重要字段可用粗体和闪烁，吸引注意力和强化效果，强化效果有多种，应针对实际进行选择。

反馈信息和屏幕输出应面向用户、指导用户，以满足用户使用需求为目标。反馈信息的作用是为用户获取运行结果信息，或系统当前状态，了解当前用户做了什么，系统处何状态，以及用户应如何进一步操作计算机系统。所以在满足用户需要的情况下，应使显示的信息量减到最小，决不显示与用户需要无关的内容。并且，反馈信息应能正确阅读、理解和使用。面向用户、指导用户指的是应使用熟悉的术语来解释程序，帮助用户尽快适应、熟悉、掌握新系统的环境。

反馈信息内容应准确，要求表达明确的意思，不使用有二义性的词汇或句子。使用肯定句，不用否定句；使用主动语态，不用被动语态以及礼貌用语等。

3.颜色

合理使用彩色显示可以美化人机界面外观，同时加快对有用信息的寻找速度，减少错误。

颜色的调配对屏幕界面显示来说也是重要的一项设计，颜色不仅是一种有效的强化技术，还具有美学价值。在屏幕设计中，颜色的用法与图形用户界面中颜色的用法基本相同，须注意如下几点。

（1）限制同时显示的颜色数

一般同一画面不宜超过4种或5种颜色，可用不同层次及形状来配合颜色，增加变化。

（2）活动对象颜色应鲜明，非活动对象颜色暗淡

对象颜色应尽量不同，前景色宜鲜艳一些，背景则应暗淡。

（3）避免不兼容色

尽量避免将不兼容的颜色放在一起，如黄与蓝、红与绿等，除非作对比时用。

（4）用颜色传递信息

若用颜色表示某种信息或对象属性，要使用户懂得这种表示，且尽量用常规颜色准则表示。

第四节　Flash动画制作

目前，Flash动画在网络环境中运用得越来越频繁。Flash这一矢量动画编辑工具为动画行业提供了全新的制作方式，将创意和想象的可视化过程变得更为便捷和简单。

一、Flash的操作界面

Flash的操作界面主要由菜单栏、【工具】面板、时间轴、场景和舞台、【属性】面板及浮动面板六部分组成。

1.菜单栏

菜单栏包含【文件】【编辑】【视图】【插入】【修改】【文本】【命令】【控制】【调试】【窗口】【帮助】11个菜单。单击任意一个菜单都可以出现相对应的下拉式菜单，通过下拉菜单中的命令可进行下一步操作。

2.【工具】面板

【工具】面板又称为绘图工具栏，其中包含多种工具，利用这些工具可以绘制图形、创建文字、选择对象、填充颜色、创建3D动画等。

通过选择【窗口】到【工具】可以打开或关闭【工具】面板。在【工具】面板显示的状态下，单击面板右上角的按钮，可折叠面板，并出现【工具】面板图标，单击该图标上的按钮，可以将【工具】面板再次展开。也可以直接点击折叠后的图标显示各个工具，虽然显示方式与之前不同，但其各项工具功能是一致的。将鼠标放置在各项工具上不动，将会显示此工具的名称及快捷键。

3.时间轴

时间轴用于控制和组织文件内容在一定时间内播放的帧数，也可以控制影片的播放和停止。按照功能，【时间轴】面板主要分为左右两部分，分别为层控制区、时间线控制区，其主要组件是层、帧和播放头。

4.场景和舞台

场景是动画元素表演的舞台，是编辑和播放动画的一块矩形区域，各种动画元素可以在舞台上进行调整和编辑。在舞台中制作动画时，经常会需要使用一些辅助线作为舞台上不同对象的对齐标准。

5.【属性】面板

【属性】面板是配合Flash中各个工具和功能进行使用的，通过【属性】面板可以设置、调整对象参数。

6.浮动面板

在Flash中，很多面板都可以通过鼠标的拖拽进行位置更改或工具的组合，这可以最大限度地满足使用者的个人习惯。为了获得较大的工作区域，还可以在Flash中的【窗口】菜单里选择显示或隐藏某些面板。这些面板经拖拽可以组合在一起，也可以独立浮动在软件界面上，使用起来灵活方便。

二、Flash动画基础

时间轴是进行帧和图层操作的地方，是Flash编辑动画的主要工具，也是用于组织和控制动画中帧和层在一定时间内播放的坐标轴。

1.帧

帧是Flash动画制作中最基本的单位，在制作动画时，每个画面在Flash中都被称为帧，每个帧上都放置画面、文字、声音等多种对象，如果是连续的多个帧按照一定速率连续播放即可形成动画。

（1）帧的分类

按照功能的不同，帧可以分为三种：普通帧、关键帧和空白关键帧。普通帧起着延长关键帧的作用。关键帧包含画面、文字等内容，用来定义动画的帧。在逐帧动画中每个帧都是关键帧。在补间动画中，只需要将动画发生变化的两端设置为关键帧。空白关键帧指没有内容的帧，一般新建图层的第一帧都为空白关键帧，如加入了图像或文字等内容，则会变为关键帧。

（2）帧的频率

帧的频率指每秒钟播放帧的数量。频率越高，动画中的动作越流畅；频率越低，动画中的动作连贯性越差。一般在使用Flash软件制作动画时，以最少每秒12帧的速度制作会取得较好的视觉效果。其中，一部动画只能设置1个帧频，帧频可以在【文档设置】中修改。执行【修改】→【文档】命令或按快捷键【Ctrl】+

【J】，打开【文档设置】对话框，在左下角【帧频】处修改数值。

（3）帧的基本操作

每一部动画都是由帧组成的，Flash动画就是通过对帧进行相应的编辑和操作形成多种影片的，以下列举一些具体帧的操作方式和方法，为进一步制作游戏界面建立基础。

2.逐帧动画

逐帧动画是和传统动画制作原理相同的一种动画形式，制作逐帧动画时需要在时间轴的每帧上绘制连续的、不同的内容，通过顺序播放得到连贯的动作效果。这种类型的动画效果连贯灵活，几乎可以表现任何想表现的内容。需要注意的是，由于逐帧动画的每帧内容均不一样，因此每一帧都是关键帧，导致最终输出的文件会很大，与补间动画有较大的差别。

（1）创建逐帧动画的方法

第一，新建文档，在【时间轴】面板图层1的第1帧，用【钢笔工具】绘制出人物脸部轮廓，在第2帧按【F5】键插入帧，如图4-22所示为绘制人物轮廓。

第二，在【时间轴】面板点击【新建图层】按钮，新建图层2，在图层2的第1帧绘制人物表情"喜"，如图4-23所示第1帧。

第三，选中图层2的第2帧位置，点击鼠标右键，在弹出菜单中选择【插入空白关键帧】，如图4-24所示为插入空白关键帧。

图4-22　绘制人物轮廓　　　图4-23　第1帧

第四，在绘制人物表情"怒"之前，为了使图像能够和第1帧图像的位置保持一致，可点击时间轴下端的【绘图纸外观】按钮，观看绘制的帧图像，如图4-25

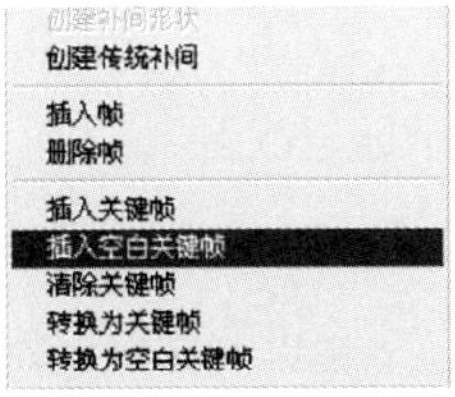

图4-24　插入空白关键帧 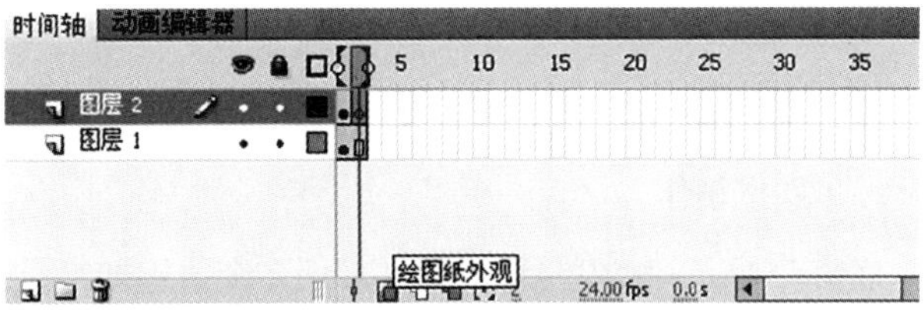　　　图4-25　【绘图纸外观】按钮

所示为【绘图纸外观】按钮。

第五，在图层2第2帧绘制人物表情"怒"，如图4-26所示第2帧。

第六，关闭【绘图纸外观】，按【Enter】键观看效果。调整时间轴下端的【帧速率】为"8"，如图4-27所示帧速率。

图4-26　第2帧

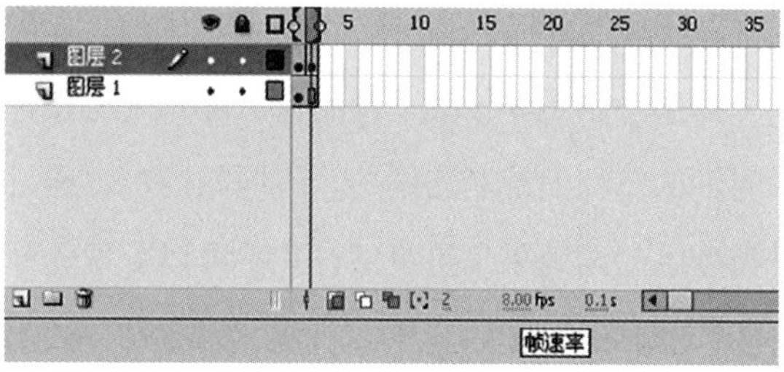

图4-27　帧速率

第七，按【Ctrl】+【Enter】组合键，检测刚刚创建的动画。

（2）绘图纸

绘图纸功能是Flash软件最重要的辅助功能之一。在传统动画的制作过程中使用赛璐珞透明胶片可以露出下一层画面的内容，绘图纸类同于这种透明胶片，可使制作者在场景中绘画下一帧画面的时候可以准确地知道上一帧的内容，便于把握图像的定位和动作的连贯性，尤其是在制作逐帧动画时，这种功能显得极其重要。

下面具体讲解绘图纸各部分的功能：

①【帧居中】：可将当前帧显示到控制区窗口中间。

②【绘图纸外观】：可以在时间轴上设置一个连续的显示帧区域，将区域内的帧所包含的内容同时显示在舞台上。

③【绘图纸外观轮廓】：可以在时间轴上设置一个连续的显示区域，除当前帧外，区域内的帧所包含的内容仅显示图形外框。

④【编辑多个帧】：在时间轴上设置一个连续的显示区域，区域内的帧所包含的内容可同时显示和编辑。

⑤【修改标记】：单击该按钮会显示一个选项菜单，可显示标记范围。

（3）实例制作

逐帧动画每一帧内容都不同，需用多个关键帧组成影片。下文以制作翻书效果为例。

第一，在 Flash 中新建文档，执行【插入】→【新建元件】命令建立元件1。在元件1中绘制出翻开的书本。

第二，点击场景1回到场景界面，将元件1拖到舞台中。在【时间轴】面板新建图层2，在图层2的第2帧按【F6】键插入关键帧，绘制书本刚开始翻动的效果。

第三，点击【绘图纸外观】，接下来在图层2依次建立空白关键帧，在每帧绘制书本翻页效果图像。复制图层1的第1帧，粘贴到图层2最后1帧下方的位置。

第四，按【Ctrl】+【Enter】组合键，检测刚刚创建的动画。

3.形状补间动画

在 Flash 软件中可以创建形状补间动画和动作补间动画两种补间动画。能够创建形状补间动画是 Flash 软件的一项重要功能，这种功能可以使一种图形形状变化为另外一种图形形状，同时可以使两个图形之间的大小、位置、颜色进行相互变化，非常适用于在两个关键帧之间创建图形变形的效果。

（1）形状补间动画基础

形状补间动画是用形状发生变化的动画，其变形的灵活性介于逐帧动画和动作补间动画两者之间。在时间轴上的某一帧上绘制一个图像，然后在该图层的另一帧上修改对象，或重新绘制一个新对象，两帧之间的变化过程由 Flash 自动生成，无须绘制。能够实现补间动画的元素很多，包括两个图形之间形状、位置、大小、颜色等。这些变化的图形可以是绘制的，也可以是图形元件、文字等元素，通常对要进行形状补间的元素进行分离才能制作补间动画。创建形状补间之后，形状补间的帧会变为淡绿色，并且在起始帧和结束帧之间出现一条长箭头，如图4-28所示为成功创建形状补间帧。

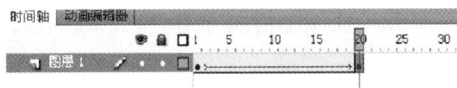

图4-28　创建形状补间帧

（2）形状补间动画的属性设置

现在通过简单的元素进行变换来了解形状补间动画的属性设置。

第一，打开 Flash 软件新建文档，使用【矩形工具】在图层1的第1帧绘制一个橙色的方形。

第二，在图层1的第30帧按【F6】键添加关键帧，使用【椭圆工具】在此帧绘制一个蓝色的圆形，并删除此帧上的橙色方形。

第三，此时【时间轴】面板中图层1的所有帧都是灰色。

第四，在图层1的第1～30帧之间，点击鼠标右键，在弹出菜单栏中选择【创建补间形状】，如图4-29所示为未创建形状补间帧动画。

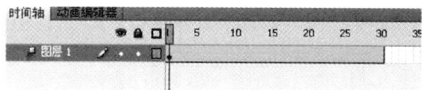

图4-29 未创建形状补间帧动画

第五，时间轴上的帧变为淡绿色，并出现了长箭头。

第六，按【Enter】键观察形状补间动画效果。可以发现橙色的方形逐步变形、变色，最后转变为蓝色的圆形。

4.动作补间动画

在Flash软件中，动作补间动画可以通过软件中的【创建传统补间】或【创建补间动画】命令来实现。能够创建动作补间动画是Flash软件基于元件进行变化的一项重要功能，这种功能可以使一个元件从一种形态（包括位置、大小、透明度等）变化为另一种形态。下文详细介绍动作补间动画方面的知识。

（1）动作补间动画基础

在Flash的【时间轴】面板上，如果使用【创建传统补间】命令制作动画，首先需要在时间轴上创建一个空白关键帧，然后在舞台上绘制一个元件，并在结束处再创建一个关键帧，在结束的关键帧上改变这个元件的大小、颜色、位置、透明度等，Flash软件通过计算两个关键帧之间的不同的数据自动生成中间帧，从而形成流畅的动画。当时间轴上的帧创建了传统补间之后，创建传统补间的帧会变为淡紫色，并且在起始帧和结束帧之间出现一条箭头符号，如图4-30所示为创建传统补间后的帧。

如果使用【创建补间动画】命令制作动画，只需要在时间轴上创建一个开始的关键帧然后执行相关命令即可。创建补间动画的帧会变为淡蓝色，没有箭头符号，如图4-31所示为创建补间动画后的帧。

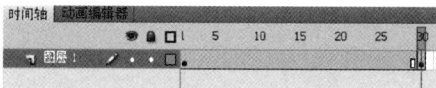

图4-30 创建传统补间后的帧

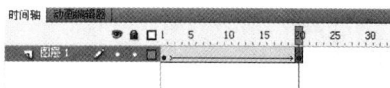

图4-31 创建补间动画后的帧

（2）动作补间动画的属性设置

通过简单的元素进行变换可以了解动作补间动画的属性设置。先要了解如何使用【创建传统补间】命令制作动作补间动画。

第一，打开Flash软件新建文档，使用【矩形工具】在图层1的第1帧绘制一个方形，放置在场景的最左边。

第二，在场景面板中选方形，点击鼠标右键，在弹出的菜单中选择【转换为元件】。

第三，在图层1的第30帧按【F6】键添加关键帧。使用【任意变形工具】把画面中的方形拖动到场景的右边，按住【Shift】键不放，同时用鼠标拖动方形一角将其等比例变大。此时图层1的所有帧都是灰色。

第四，在图层1的第1~30帧之间，点击鼠标右键，在弹出菜单栏中选择【创建传统补间】。此时，图层1上的帧变为淡紫色，并出现了长箭头。

第五，按【Enter】键观察动作补间动画效果。可以发现小方形逐步向右滑动变大，最后成为大方形。

第五章

多平台游戏UI设计

【引入】

网络游戏交互设计实例

交互设计是以用户体验为基础的，体现设计人、产品和服务之间信息互动的方式、内容和表现形式。良好的交互设计不仅需要解决用户的实用性需求，还应兼顾审美愉悦、互动体验等多元化需求。网络游戏交互设计在将自身定位为依托网络信息技术的新型娱乐方式的同时，还要调查了解用户群体的喜好、经验等背景信息和相关产品的使用情况，以便提供更好的用户体验设计，让玩家在获得休闲娱乐的基础上又能在互动交流中收获知识，愉悦情感。

《魔兽世界》以西方魔幻故事为大背景，引导玩家在虚拟的"艾泽拉斯"世界中不断探索发掘未知世界。游戏中通过创建融合多民族文化风貌的地区以及多文化形态的角色种族和角色阵营，构建起充满历史感的情境氛围。在此虚拟世界中，有精灵、巫师、兽人等八大种族角色供玩家角色扮演，进而根据种族、职业特征开展任务，这既满足了人们的个性需求，又增强了游戏的代入感，激发了玩家的好奇心。然而，纯视觉层面的交互并不能满足当下玩家日益增长的娱乐需求，沉浸式氛围的营造和价值观念的传达反应了用户需求的多样性。《魔兽世界》在交互设计上使用实时反馈、增强现实等新技术，打破了时空维度，让玩家充分沉浸在游戏世界中，在体验挑战的乐趣中引发用户的情感共鸣。

美国认知心理学家唐纳德·诺曼曾在《情感化设计》一书中从本能层、行为层和反思层三个层次对用户使用产品的情感体验进行阐述。区别于前两者强调产品的样式、品质或功能等物质属性，反思层的情感体验体现了产品设计对意识、认知等精神层面的追求，使用户能将交互体验中获取的愉悦情感或知识信息进行转化使用，并反作用于现实生活。《魔兽世界》游戏社群的运营建设是该游戏区别于大多数网络游戏的突出亮点，也反映了该游戏品牌可持续发展的战略眼光。

目前，《魔兽世界》的玩家几乎都属于高学历、高收入、高年龄"三高"玩家的行列，他们自发建立了多款游戏论坛网站，其中最具影响力的是艾泽拉斯国家地理论坛（National Geographic Azeroth，NGA），它广泛的成员参与、群体认同和社群文化成为该游戏产品交互设计和品牌文化的外在体现。虽然此论坛创立的初衷是发布游戏的相关资料和信息，但从2002年创立至今，它已转变为一个以《魔兽世界》游戏为主，兼顾科普、生活、人文、设计等多领域的综合性玩家论坛。同时，游戏以此为平台，建立起新型交流社群，使玩家们不仅能收获游戏对战的愉悦放松，还能将游戏过程中收获的内容、创意或灵感运用到现实生活中。暴雪娱乐公司曾经邀请克里斯蒂·高登（Christie Golden）、理查德·A.纳克（Richard A. Knaak）等著名作家，为《魔兽世界》创作小说、漫画、音频节目和电影等，这些作品依托互联网信息技术得到了广泛传播，而玩家不仅在游戏世界中构建起跨地域的网络社交关系，还不断在平台上激发大规模的二次创作和讨论，并推出优秀的艺术衍生品。可见，网络游戏论坛的运营是维持社群黏性和活跃性的有效方式，更有助于实现游戏艺术从生活中来，又回归到生活的理想状态，推动游戏文化与健康生活的良性互动与循环。

第一节　网络游戏UI设计

　　网络游戏，通常是指多人同时参与的网络在线游戏，玩家可以通过特殊情境中的角色扮演，在协同合作下进行游戏通关。然而，如今信息技术的发展拓展了文化的内涵，丰富了文化的表现形式，使文化进入了全新的境界。人们对娱乐活动或知识信息获取的品质要求日益提高，网络游戏并不仅仅是一款单一娱乐功能的游戏活动，还是全球化信息时代下新型社交关系的营建方式。网络游戏唯有触动玩家，引发情感共鸣，才能在竞争激烈的游戏市场中脱颖而出。科学技术与游戏文化相结合，是当下网络游戏设计者不可回避的热点和趋势。

一、网络游戏UI设计现状

　　目前，国内UI设计市场还处于初级阶段，部分软件公司开始重视界面设计，但是对于界面设计仍抱有观望态度。其原因一方面是对目前国内的界面设计从业人员的能力不信任，另一方面是界面外包行业不规范，没有严谨的流程，少数设计师缺乏诚信等因素导致的界面设计外包风险太高。中国目前有8000余家软件公司，行业前景很可观，如果能在行业规范上狠下功夫整治，创造一个良好的竞争氛围，建立严谨、高效、低风险的外包流程，未来我国UI设计市场会有一个飞跃的发展。国内UI设计圈不乏优秀的设计师，这几年涌现出大量高水准的设计师，在国际上也为中国争回荣誉，但从整体来看，国内的UI设计从业人员水平还不高，大多数从业人员缺乏界面设计的专业知识，对UI设计的认识停留在美术范畴。

二、UI设计对网络游戏的意义

1. UI界面是网络游戏实现人机交互的关键载体

任何一款网络游戏都离不开在UI界面上进行操作，所以UI界面是玩家与游戏系统进行交流互动的关键载体。就网络游戏的特征而言，它的呈现形式以图片以及文字等视觉方面的元素为主，玩家只能通过UI界面接收游戏系统的反馈，所以对于玩家来说，对一款游戏接触最多的就是游戏界面的反馈互动，因此UI界面在网络游戏中起到的重要作用是实现了玩家与游戏系统的人机交互，并使玩家获得游戏带来的乐趣。

2. UI界面能够体现网络游戏的文化变化过程

在设计UI界面时，必须先确定游戏的目标用户群体，然后了解用户群体的主要诉求，依据其诉求进行界面设计，设计完成后先围绕用户需求进行细节调试，直至游戏成型。所以设计师在UI界面设计过程中必须实时搜集目标用户群体的视觉关注点及行为变化趋势，将其作为界面设计的真实素材。因此在相对固定的文化背景中，UI界面状态的确定实际上是由玩家玩游戏的习性决定的，玩家的习性变化甚至会进一步影响人机交互模式。但是对于UI界面设计文化而言，每次的状态改变都会表达出与以往不同的新内涵，且符号也会被赋予新的意义，综上，UI界面体现的是一款网络游戏的文化变化过程。

三、网络游戏UI设计原理

1. 视觉设计

视觉是人类接收外界信息的主要方式，UI视觉设计是主要面向人体视觉系统的一种表现方法。视觉设计的目的在于向用户传达游戏信息，所以视觉设计必须涵盖需要传达的信息量，而视觉效果则因人而异，不同的人看同一界面会产生不同的感受，因此视觉设计要强调与目标受众的匹配程度。视觉传达设计属于视觉设计范畴，它属于视觉设计范畴中的一种，与视觉设计既存在共同点也存在差异，视觉传达设计的主要受众是被传达的对象，设计者在设计过程中往往只考虑实现视觉传达的目的，因而会在一定程度上忽视自身视觉需求。但是在运用视觉传达技术将设计成品传送给用户时，用户获得的视觉效果则会受到多方面因素的影响，一方面是受设计者呈现形式及内容的影响，另一方面是屏幕分辨率以及网速等硬件设施的限制，如何获得预期中良好的视觉效果就需要设计师综合各种影响因素，设计出吸引玩家的游戏界面成品。

2.界面设计简洁大方

视觉的主要器官是人的眼睛，眼球的生理结构决定了视觉的有效感知范围相对较小，因此，人们在有限时间内所获取的视觉信息较为有限，因此在进行界面设计时，必然要将此硬性条件考虑在内。网络游戏UI界面设计原理与之存在一定冲突，因为出于盈利的目的，游戏开发方更倾向于向用户展示所有的游戏内容，吸引用户下载体验游戏。但是，该设计显然是不可行的，因为丰富的游戏内容会让玩家因无从下手产生拒绝心理，整个游戏屏幕也会挤满各种杂乱的图形及文字，极大压缩了玩家可以点击操作的范围，会加速玩家的视觉疲劳。过于复杂的界面设计，也会导致玩家无法分辨主体，不能专心投入游戏。所以，网络游戏UI界面设计要简洁大方，依据视觉生理原理以及记忆规律照顾玩家视觉感受。

3.将视觉流程考虑在内

视觉流程即人们在用视觉接收信息时的先后顺序。因为人在观察某一界面时，眼睛会受到信息重要程度、界面设计情况以及色彩使用程度等因素的影响，所以视觉的运行流程会依照某一原理有序进行。为了将最有效的游戏信息传达给用户，网络游戏界面设计师，必须将游戏的受众类型考虑在内，并对其视觉流程进行深入分析探讨，之后再进行各种元素的运用设计，做到与用户群体视觉流程规律相契合。游戏界面设计是服务于游戏系统的内容及玩法的，所以在进行界面设计时，要重点突出游戏角色或者游戏重要场景，至于设置、商店等功能性的图标应尽量将其设计在边缘位置，避免主次颠倒，影响玩家视觉体验。

4.兼顾设计美感

视觉效果会对人的感官产生一系列影响。例如，当眼睛看到暖色调时，人的感官会接收到温暖、宁静、平缓的信号。所以网络游戏UI设计可以遵循这一原理，尽量向用户传达开心、兴奋等感知信息，如果用户能够感知这一信息，则说明此界面设计是比较成功的，将其进一步加工深化就会形成设计中的美感。这也为设计师指明了方向，即在设计过程中，既要贴合目标用户的主流审美趋向，确保美感在线，又要为玩家呈献最实用、最有效的图像与功能信息。

5.人机交互设计

目前，许多网络游戏都将界面设计的重点放在视觉设计方面，力求为用户呈现视觉上的美感，却在一定程度上降低了对人机交互的重视程度。交互设计这一概念产生于20世纪80年代，其核心理念在于将用户作为界面设计的中心，这一观念的提出对于传统产品设计理念而言，是一个重大的冲击，它打破了将产品性能作为设计主要原则的竞争理论体系。交互设计更多强调从用户角度看产品，深层次的人机交互技术，能够让用户在对界面进行操作时拥有更为流畅舒适的体验，它将用户的诉求放在产品设计的首位，通过搜集用户与计算机之间的交互痕迹，获得用户的思维及行动习惯，然后通过优化人机交互设计为用户打造更优质、更多样的互动交流方式。人机交互的目的在于通过将产品界面与用户行为结合进行交互设计的方式，使两者之间建立某种联系，让使用者获得更高的使用价值。

（1）容错原则

交互设计必须遵循容错原则，且要明确告知用户哪些操作是被禁止的。依据人机工程学原理，人机交互更侧重于人与系统的完美融合，使人在与物接触时能够拥有更舒适的体验。有专家曾经深入研究分析过人类大脑的工作机制及原理，指出计算机这种工具的出现主要是为了弥补人类心理智力方面的不足，人机界面也应该针对人类存在的缺陷进行设计，以帮助用户提高效率并获得更好的体验。人机交互设计中，应尽可能考虑用户在游戏中可能失误产生的每一个误操作，并想出相应的解决策略来纠正这些错误操作。

（2）习惯原则

人类生活成长过程中会形成各种各样难以更改的习惯，在界面设计过程中也要考虑到这一因素，根据用户玩游戏的习惯性操作进行界面设计。《人本界面》一书中指出，界面操作组件的优化要根据用户的操作习惯进行，并逐渐优化至预期状态，避免出现由于界面图标过于复杂而出现用户不想使用的现象。所以在人机交互设计过程中，先要确定游戏的目标受众人群，对此用户群体的操作习惯进行总结分析，然后进行界面设计。以游戏的键盘操作为例，许多游戏玩家都习惯性将"W、A、S、D"作为方向操作按键，其他特定按键为技能键；再就聊天按键而言，许多人习惯用"Enter"键作为发送消息的按键，用鼠标右键调出功能菜单。这些都是用户长期形成的难以更改的习惯，设计师在进行界面设计时，也应该考虑这一习惯特性，不能强行对此设计进行改动，以免降低用户操作的舒适度。

（3）引导原则

人机交互设计必须遵循引导原则，在推出一款新游戏后，许多用户在第一次接触时都不了解游戏玩法及具体操作，引导功能能够帮助用户快速了解游戏的相关规则及操作技巧。此外，界面图标应该尽量设计得直观明了，让用户一眼就能明白其功能，最好的办法是将图标设计为与实际功能类似的物品形状，如将背包设计成书包图标、射击键设计成瞄准镜样式的图标，应尽量简明易懂。

四、网络游戏UI的设计和制作

要想保证网络游戏在我国得到良好的发展，仅仅依靠传统的游戏技术是根本不够的，这就需要对我国现有的网络游戏进行深入研究，了解其自身的设计制作方法，保证其在我国得到更好的发展。在对当下社会的网络游戏深入研究时，了解到我国目前市面上的网络游戏大多属于次世代游戏，与传统的游戏相比较，这类游戏在人物设定、画面和技能方面都有很大的提升，针对于这一点就需要对当下的次世代网络游戏展开有效分析，确保其设计与制造工作能更好地开展。在这个过程中，还需要将次世代网络游戏和传统游戏进行有效的对比，明确次世代游戏自身的特点。

在实践研究中了解到，次世代网络游戏与传统游戏在技术和画面上存在很大的差异。通常次世代网络游戏设计时所做的模型设计，面数大概在一万左右，制作过程耗费的成本颇高，不过其对人物设计的精准度比较高。也就是说，这项工作聚焦于视觉效果，并不会改变网络游戏的固有模式。相较于传统网络技术，次世代网络技术在画面设计上的丰富程度也有极大的提升，不仅能够从根本上提升网络游戏的画面清晰度，还能使玩网络游戏时出现像素块的可能性大大地降低。而且在游戏色彩调度方面更接近于真实生活中的色彩。

在对次世代网络技术进行设计的时候，还需要对其自身涉及的技术手段有一个全面的掌握，然而现在很多网络游戏制造公司为了提升自身经济利益，经常在短时间内就推出一款网络游戏。在实践研究中发现，这种短时间推出的网络游戏在现代信息技术社会的存活时间并不长。而次世代网络游戏在社会上能达到经久不衰的效果，主要是因为这项网络游戏在设计和制造的过程中，对人物设定和画面的重视程度都很高，而且进行网络设计的时候选取的工作人员自身专业技术都比较高。这就促使次世代网络游戏在当前得到良好的发展。

> ♟ **小贴士**
>
> ## 网络游戏交互设计的思路
>
> 相比之下，目前我国网络游戏设计在原创性和交互性上都有所不足。论其原因，其一，国内游戏多是对国外优秀游戏的模仿和简化，导致游戏过程中缺失相应的故事内涵和文化氛围；其二，为了兼顾受众和经济效益，不断简化的游戏环节以碎片化的方式占据了青少年的大量休闲时间，同时忽视精神文化层面的交互体验，最终使得玩家的娱乐互动体验大打折扣。针对这些现象与不足，本文在此提出未来网络游戏交互设计发展的思路。
>
> ### 1.智能化交互设计
>
> 相较传统游戏，网络游戏更强调玩家之间的人际互动，这是一个动态、双向的信息传递和互动交流过程，故网络游戏交互设计的好坏有赖于高效融合科学技术与游戏文化。伴随着科技的更迭发展，智能化技术不断打破交互中的时空限制，实时定位、语音、动作感应等交互形式在游戏产品中被广泛运用，成为丰富用户体验的广度和维度，提供更良好游戏体验的有效方式。此外，再以增强现实技术为例，这种鼓励真实交互的设计方式突破了视觉传统推广模式中的局限，人机交互不再停留在二维平面之中，更使万物皆有可能成为三维立体的交互媒介。近年来，日本任天堂公司推出大量增强现实技术与掌上游戏机相结合的游戏模式，以鼓励玩家积极到户外参与互动，与家人、朋友或其他玩家用户建立真实社会联系。其中，于2016年发行的*PokémonGO*是火遍全球的经典案例，它以其经典IP"口袋妖怪"为蓝本，将增强现实技术与宠物养成对战游戏相结合，让玩家扮演"宝可梦"训练师，携带智能手机到城市各个角落寻找"宝可梦"，并与之进行战斗、捕捉的互动，又或是与其他玩家进行对战和交换。
>
> 在智能化三维交互设计中，虚实结合的特征突出了基于触觉、视觉、听觉等多重感官的自然交互形式，它以用户为中心，形成的全方位、多维度的体验

空间伴随着随机性和未知性，这既能激发观众探索的好奇心，又强调了玩家群体的团队协作能力，以此让他们在虚实之间感受游戏世界的真实性和趣味性。

2.多渠道交互设计

暴雪娱乐公司尝试融合多渠道的交互设计打破了虚拟游戏和真实世界的界限，以增强游戏的交互功能体验。例如，《守望先锋》中将游戏中的虚拟新闻频道与现实世界中的新闻发布会进行巧妙结合，增强了玩家的现实代入感。在"黑影解密游戏"中，设计师将特殊英雄在特殊地图点位的互动、游戏新闻播报、现实世界的开发者访谈和宣传视频等线索信息提供给玩家，让他们参与为期数月的新英雄身份解谜。谜底揭晓前的未知性和可能性，不断激发着玩家的好奇心，驱使他们去探索，去感受这位犹如"天才黑客"般的角色从另一个平行世界向现实世界发起的游戏邀请。同时，这又如同将一种使命交付于玩家手中，需要他们团结协作，用集体智慧去换取成果。

网络游戏通过将视频、语音等多元智能手段融入游戏中，既便于玩家更高效清晰地获取信息内容，同时不失为一种提升产品亲和力和耐玩性的手段。在虚拟游戏与现实世界的反复跳转和探索中，玩家收获的不再仅是游戏体验的娱乐，更是一种情感交互。在玩家群体的集体探索和攻关下，玩家与玩家之间、玩家与游戏之间产生情感共鸣，社群黏性也随之提升。

3.可持续交互设计

依托网络游戏建立的虚拟社群，是21世纪人类互动交往的新型媒介之一，它不同于传统纸媒和广播电视媒体，亦不等同于互联网平台或数字媒体技术。而是在整合这些媒介资源的基础上，又延伸并创造出一个消融虚拟与现实边界的沉浸式环境，进而发展了人类感知世界与交流互动的能力。正因如此，网络游戏在现实生活中承担的功能也将越发多元化，尤其是游戏在传播知识、开拓思维、培养审美、提升交际能力等方面，为年轻玩家乃至更广泛的受众群体，提供了更加自由轻松的娱乐和学习方式。2019年，任天堂公司发行《健身环大冒险》，借助 Nintendo Switch 主机所带的"Ring-Con"拓展设备，让玩家通过身体运动实现游戏中的转向、跳跃、攻击和防御等任务，在放松娱乐的同时实现同步健身。软件不仅记录玩家个人的锻炼时间、跑步距离、消耗卡路里等数据，还将此上传至线上社群，让世界各地的玩家相互分享、交流和竞争，这在激发玩家间竞争斗志的同时，提升了他们运动健身的积极性，反映出对健康生活的倡导。

如何推动网络游戏社群互动向现实生活正向社交的转变，给予观众更积极健康的生活方式引导，是当下互联网环境下网络游戏发展不容忽视的问题。一方面，可以结合"互联网＋"的模式，积极推动网络游戏平台与直播、购物等平台融合，与时俱进地满足不同观众群体的娱乐需求，丰富用户的体验层次；另一方面，网络游戏设计师不能仅停留在对游戏的互动和形式美感的关注，还应从内容、情节的安全性和合理性考虑，为玩家营造一个平等健康的互动平台。

第二节　网页游戏 UI 设计

现今，网页游戏是一种玩家众多的常见游戏类型，特别受到年轻人的欢迎。一款好的网页游戏可以创造巨大价值，因而网页游戏具有很高的研究价值。如近年来十分火爆的网页游戏"贪玩蓝月"。因为精良的做工，过硬的制作，大手笔的宣传，吸引大量玩家。而"绝地求生"更是引领了游戏消费市场的一场风暴，上演了近年游戏历史上的现象级奇迹。网页游戏与传统的电脑游戏相比，具有巨大的优势。它不需要下载，不需要较高的硬件配置，只需要在线注册就可以参与游戏，保存、关闭和切换电脑页面都非常方便。因而，网页游戏发展极为迅速，正在变成一个无比巨大的朝阳产业，每年都有非常多的网页游戏诞生。

当前，网页游戏飞速发展，因此我们必须加强对网页游戏 UI 设计的重视程度，不断进行创新改革，从而满足玩家日益增长的需求，进而吸引更多的用户。

一、网页游戏的类型

1.经典网络游戏改造而成的网页游戏

这类游戏有很多非常经典的老游戏，口碑极佳，让人经久不忘，往往可以影响一代人。即使仅仅为了情怀，也会有许多人为经典的老游戏买单，拥有很大的市场。经典游戏改制的很多网页游戏需收费，如"传奇"沿用网卡收费的制度，因而制约了新玩家的加入。从长远来看，经典游戏改成的收费网页游戏的发展前景是有限的。所以，一些游戏就开始对玩家免费，主要靠周边产品和扩展服务盈利。如此一来，玩家无须为进入游戏支付成本，角色得以不断成长，游戏乐趣也大大提高了。

另外一些经典的老游戏选择免费，其原因主要是在于厂家为了延长游戏的寿命及公司的影响力，为了公司的长远战略而实施免费战略。免费的经典网页游戏往往都可以较好和竞争对手争夺客户，培养更多的忠实客户。

不管是收费还是免费，这些由经典网络游戏改编而成的网页游戏，制作都比较精良，游戏界面都很合理、美观，给人极好的操作舒适度，让人享受游戏的乐趣。

2.粗制滥造的跟风网页游戏

粗制滥造的跟风网页游戏往往特别简陋，制作时间特别短，游戏背景和设定都存在着大量不合理的地方，也就是说设计缺陷到处都是，甚至许多游戏连画面都几乎是半成品。

3.原创网页游戏

精心制作的免费网页游戏几乎风靡一时。由于这类游戏大多经过了精心的市场调研活动，开发团队成熟，制作周期长，背景和设定合理，玩家游戏舒适度高，品质上乘，又舍得花大力气营销，因而往往是胜过收费游戏或与收费的游戏持平。不但使大量的玩家转化成忠实客户，而且使他们也舍得为周边费用付账。

二、网页游戏的界面风格

网页游戏的种类繁多，其风格也多种多样。网页游戏的设计和制作相对而言不是很难，而一旦出现了一个热度很高的游戏，同类型的游戏也会大批涌现且界面风格和操作与其高度相似。那么，游戏开发者在注重自身开发的游戏版权保护的同时，还应当多突出一些自身作品的特色。

目前，国内的网页游戏界面设计，大多受到日韩游戏界面设计的影响，偏向卡通可爱的风格。不管是休闲还是模拟经营类的小游戏，都更受女性玩家的喜爱，所以卡通可爱的风格更适合此类游戏的定位。但是射击类和体育类的游戏风格就更趋向于欧美风格。欧美的游戏界面更注重透视性和写实性，能让玩家有更深的代入感，此类游戏往往会吸引男性玩家。游戏界面的设计风格主要指其界面的美术画风。

画面直接影响游戏的销售，操作系统固然重要，但玩家要先进入游戏尝试了才知道其操作系统是否优秀。而能够把玩家吸引进游戏的，最直观的就是游戏的界面图片是否符合他们的审美。游戏的宣传网页和操作网页画面往往不相同，在游戏中，因为考虑到游戏的操作性，画面不能太过精细地描述细节，这样会造成网页缓冲很慢。但是宣传页面可以做到相对精致些，因为可以不考虑操作问题，先把玩家吸引过来。但是不管是界面还是官方网站，都要保证画面风格的一致性。如果二者之间的差异太大，玩家进入游戏会因为期待过高产生被欺骗的感觉，从而对游戏宣传推广产生不好的影响。

因为网页游戏的特殊性，游戏公司会考虑推出简洁风格的网页游戏。即使是同一款游戏的电脑客户端版本和网页版本画风也会存在明显的差异。一方面，网页游戏中不会太刻意描绘游戏场景的细节。另一方面，网页游戏中的人物形象、服饰或者是表情等不会有电脑客户端游戏那么丰富，技能也不会有电脑客户端游戏中的那么华丽，如果画面太精良会影响到其操作的流畅性。除了卡通动漫风格，游戏制作者可以尝试一些新的风格。跟动画风格类似，现在国漫很多是模仿日韩画风，其实早在水墨动画时代，中国的水墨动画便在国际上获得过多个奖项。中国的游戏设计者们，可以多考虑向中国本土特色的画风上发展。设计者要在本身具有过硬的技术的同时敢于创新，多途径去探索游戏的风格。对新的想法要勇于表达，以锻炼自己的创造性思维能力。在具备了深厚的专业功底的同时敢于创造，并勇于尝试不同的艺术风格，必能设计出具有中国本土特色的网页游戏。

三、网页游戏的UI设计

UI是用户与游戏之间进行相互交流的重要载体。对于玩家来说，UI界面是衡量游戏的舒适度，也就是游戏是否友好的重要标准。网页游戏也离不开UI界面设计。

1.角色扮演网页游戏UI设计分析

（1）人物基础信息栏

在人物基础信息栏中主要将玩家的角色名、等级、头像、状态等信息显示出来，除此之外，还会显示出玩家的战斗状态、金钱等信息，在人物基础信息栏中不会出现固定不变的信息，都是随着网页游戏的变更而进行改变的，如图5-1所示。

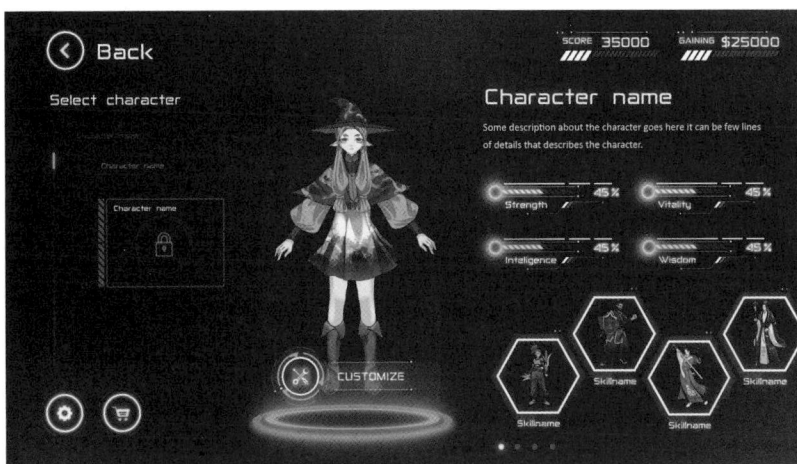

图5-1　人物基础信息栏

（2）聊天窗口

聊天窗口的主要作用是玩家跟玩家之间进行交流，在该部分中会设计很多频道，其中聊天模式有普通、综合、阵营以及世界等多种，玩家在进行交流时可以根据个人的需求，而确定哪部分频道开启、哪部分频道屏蔽。

（3）系统功能区域

系统功能区域的主要作用是将游戏的一些玩法、奖励、处罚等功能键放在显眼的位置，方便玩家很快地找到。同时，这样设计也能够在最大程度上节省资源，使玩家更快了解游戏，如图5-2所示。

图5-2　系统功能区域

（4）地图区域

地图区域的主要作用是玩家可以查看地图，及时了解自己所在的位置，另外还可以通过地图查看非玩家角色信息。

（5）任务栏

任务栏的主要作用是起引导的作用。玩家可以通过点击相应的非玩家角色就能够按照相应的提示信息顺利完成任务，同时能够得到一定的奖励，方便玩家快速的升级。

（6）信息提出区域

信息提出区域的主要作用是玩家在玩游戏过程中每进行一次操作，都会得到相应的经验、奖励等信息的提示。

（7）基础功能操作栏

基础功能操作栏中具有玩家玩游戏过程中的全部的功能，即查看玩家信息、查看任务等，因此该模块是整个网页游戏中最重要的部分。

2.休闲益智类网页游戏UI设计分析

休闲益智类网页游戏的特征是非常重视个人的休闲体验，以下是休闲益智类网页游戏UI界面的布局和各项功能。

（1）即时信息

休闲益智类网页游戏，一般都会没有即时信息的图表，而且该部分的主要作用是为了确保玩家能够在第一时间了解游戏的活动信息。

（2）活动场所

活动场所主要包括游戏的大厅、交友中心、购物中心、拍卖场等，几乎涵盖了网页游戏中所有的场所。因此，该部分的主要作用是帮助玩家及时找到自己需要的场所，从而快速的进入游戏中。

（3）聊天窗口

网页游戏界面中的聊天窗口跟角色扮演网页游戏中的聊天窗口功能一样，都是玩家跟玩家之间进行交流的平台。

（4）基础功能操作栏

基础功能操作栏将玩家在玩游戏过程中需要的大部分操作功能包容都在其中。因此，该部分也可以看作休闲益智类网页游戏的重要组成部分。跟角色扮演类游戏相比较来说，休闲益智类网页游戏中操作栏分类较少。

（5）系统功能区域

跟角色扮演网页游戏中的系统功能区域一样，网页游戏界面中的系统功能区域也是将游戏的一些玩法、奖励、处罚等功能键放在显眼的位置，方便玩家能够快速找到。

四、网页游戏UI设计流程

在网页游戏设计中，除了要考虑游戏的风格外，还需要明确网页游戏界面设计的功能，根据一定的设计原则和流程进行相应的设计，避免为了强化设计而导致网页游戏界面不通用等问题。

（1）背景调研

一个系统的优劣，在很大程度上取决于未来用户的使用评价，因此在系统开发的最初阶段，尤其要重视系统人机交互部分的用户需求与环境。必须尽可能广泛向系统未来潜在用户进行调查，也要注意调查人机交互涉及的硬、软件环境，以增强交互活动的可行性和易行性，以确定系统的硬、软件支持环境带来的限制，甚至包括了解工作场所，向用户提供各类文档等。

（2）调研数据分析

调查用户类型，定性或定量地测量用户特性，了解用户的技能和经验，预测用户对不同交互设计的反响，保证软件交互活动的适当和明确。分别从用户生理、心理、个人背景和使用环境的影响来进行用户体验设计。

（3）游戏任务设计

从人和网络两方面共同入手，进行系统交互任务的分析，并划分各自承担或共同完成的任务，然后进行功能分解，制定数据流图，并勾画出任务网络图或任务列表。确定设计任务后，要多与策划人员和玩家反复交流，根据策划人员和多数玩家的意见来构思游戏界面的风格，并定位文化背景。具体而言，游戏任务分析与设计要把界面视觉效果同游戏的时代联系在一起，避免不伦不类。不管怎样，形式服务于内容，一切的艺术效果都要建立在易用、高效的原则下。

（4）建立界面模型

在建立界面模型的流程中，描述人机交互的结构层次和动态行为过程，确定描述图形的规格、说明语言的形式，并对该形式语言进行具体的定义。

（5）界面的图形设计

界面的图形设计包括：一是屏幕显示和布局设计；二是修正高层次的设计。即在上述屏幕总体布局和显示结构设计完成的基础上进行屏幕美观方面的细化设计。

（6）测试与评估

开发完成的交互系统必须经过严格的测试和评估。评估可以使用分析方法、实验方法、用户反馈以及专家分析等方法。可以对交互的客观性能进行测试，如功能性、可靠性、效率等，或者按照用户的主观评价及反馈进行评估，以便尽早发现错误，改进和完善交互系统的设计。

【案例】

基于Flash开发的网页游戏开发

游戏在人们的生活中一直扮演着重要的角色，任何阶段的人都能够找到自己喜欢的游戏，有了网络、电脑和手机，游戏更是发展迅速，无论是单机游戏还是网络游戏都有它的喜爱人群。网页游戏以其操作方便、无须安装等优点吸引着广大网友。其中基于Flash开发的网页游戏以其简洁和基于矢量图的优势在网页游戏开发中占有重要地位。

1.相关知识

（1）ActionScript简介

ActionScript本身就是为Flash产品开发的一种脚本语言，功能强大。ActionScript从第3版开始包含基于ECMAScriptEdition4的功能，以及非结构化赋值。这使ActionScript3.0代码的执行速度几乎比以前的ActionScript代码快了10倍。

（2）JavaEE简介

JavaEE是在JavaSE的基础上构建的，它提供Web服务、组件模型、管理和通信API，可以用来实现企业级的面向服务体系结构和Web2.0应用程序。JavaEE是一种利用Java2平台来简化企业解决方案的开发、部署和管理相关的复杂问题的体系结构。

（3）3DS MAX

3DS MAX是基于电脑系统的三维动画制作和渲染的一款软件，功能强大。

3DS MAX 从 1990 年开始，每年都会更新。深受游戏开发者的喜爱。

（4）Mysql

Mysql 是一个款开放源码的小型关联式数据库管理系统，开发者为瑞典 Mysql AB 公司，具有体积小、速度快、总体拥有成本低等特点，许多小制作产品都选择它。

2.游戏框架构建

（1）技术路线

网页游戏可使用 Flash 做前台的编写工具，Java 做后台的编写工具，使用 Mysql 数据库，采用 Socket 作为通信方式，前台美工素材采用矢量图形式，技术模板是 Flex 框架。

（2）游戏功能框架

根据系统需求分析给出王者需要实现功能框架图，如图5-3所示为游戏功能框架。

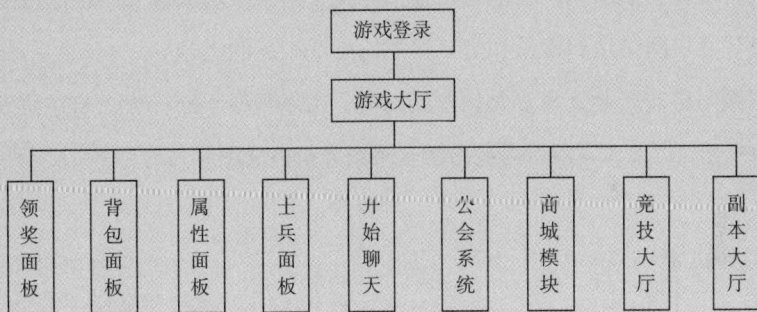

图5-3 游戏功能框架

（3）数据库

数据库依据游戏需求，给出8个实体对应各功能信息，分别是用户、玩家、角色、士兵、好友、工会、副本、怪物，数据库可以依据信息表中的名称进行数据信息调用。

3.游戏引擎设计

完整的游戏引擎功能有登陆进入游戏大厅，在线与其他玩家聊天，在线领取奖励，进入竞技大厅与其他玩家对战，进入公会系统创建公会以及查看公会信息，商城购买物品，进入副本攻打辅助角色，铁匠铺的页面显示，查看背包物品以及角色属性等。

第三节 多平台UI设计规范

一、电脑端游戏UI设计

1.网络游戏概述

网络游戏（Online Game）也称在线游戏，简称"网游"，是指以互联网为传输媒介，以游戏运营商服务器和用户计算机为处理终端，以游戏客户端软件为信息交换窗口，旨在实现娱乐、休闲、交流目的的具有可持续性的个体性多人在线游戏。

网络游戏与独立游戏的区别在于，网络游戏玩家必须通过网络连接，从而在线进行多人游戏。一般来说，它是指在虚拟环境中由多个玩家按照一定的规则进行操作，通过计算机网络达到娱乐和交互目的的游戏产品的集合。

我国网络游戏产业呈现多元化发展趋势，市场规模不断扩大，自主研发的产品开始向海外出口。图5-4所示为我国游戏市场分析情况图。

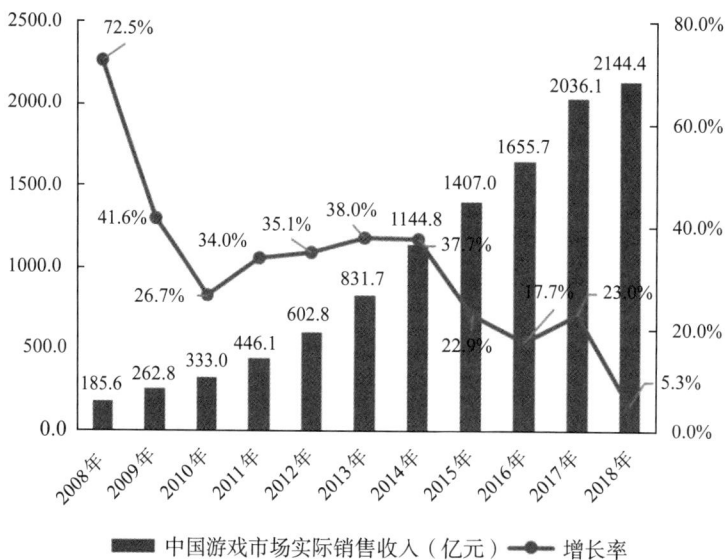

图5-4 我国游戏市场分析情况图

2.网络游戏产品分类及UI设计

（1）在线游戏

在线游戏主要是玩家与玩家的互动。多数在线游戏需要让玩家明白三件事，即"我是谁""我的角色任务是什么""我要避免什么"。通常来说，在线游戏分为网络客户端游戏和网页游戏。

网络客户端游戏是网络游戏和客户端游戏两个概念的合体。客户端游戏简称"端游"。网络游戏和客户端游戏两个名词的合体不是随意组合而成的。随着网络的飞速发展与普及，客户端游戏发展迅速。

网络客户端游戏针对的平台主要是电脑端，因此在游戏UI设计中要注意以下原则：简易性、用户语言、尽量减少记忆负担、一致性、从用户的角度考虑、排列、安全性和灵活性、人性化等。如第三人称射击类游戏《汤姆克兰西：全境封锁》的整体UI较扁平化，更简洁、大方，可谓简约而不简单。

网页游戏简称"页游"，是指无须下载和安装客户端程序，基于Web浏览器，使用PHP、ASP、Perl等解释语言建设的虚拟社区或者使用Flash、JAVA技术制作的游戏，如经典网页游戏《九州志》。

网页游戏的平台固定为电脑端，但是近年来随着技术发展，也出现了一些手机上的网页游戏。根据不同平台的需求，网页游戏的UI尺寸和分辨率也要适当调整。网页游戏UI设计其本身的特性，类型相对于其他平台来说较少且较为固定。一般网页游戏的图标较多且密集，因为它需要的功能较为烦琐。因此，在设计网页游戏UI时，除了要实现其基本需求外，还要尽可能地简化烦琐的界面，避免许多玩家在游戏过程中出现图标不好找、操作不能快速进行等问题。因此，不同类型的UI需要有较为明显的区别，并且在图标和操作等方面要有较强的指引性，能够让玩家得到更好的操作体验。

（2）单机游戏

单机游戏一般是指仅使用一台计算机即可运作的电子游戏，其传输媒介主要包括局域网、IP网络、本地服务器、游戏平台，因此也就有了一种新的说法，即平台联机游戏。随着网络的普及，许多单机游戏已经支持互联网功能。

3.原创电脑端角色扮演游戏UI设计

（1）案例简介

此案例主要以设计思路和角色展示界面的所有元素。图5-5所示为原创电脑端角色扮演游戏UI设计的最终效果。

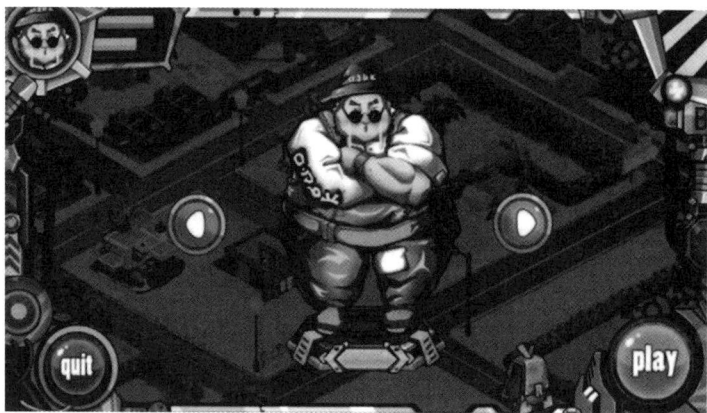

图5-5　原创电脑端角色扮演游戏UI设计的最终效果

（2）案例制作过程

①项目需求分析：在开始游戏UI设计之前，必须先看游戏计划，了解要设计的是什么游戏、玩什么、给谁玩、怎么玩。这几点确定后才能确定游戏的艺术风格。

②设计定位分析：根据要求进行风格设定，根据游戏类型进行框架构建。先将界面模块的设计开发进行优先分级，让设计团队成员可以根据工作量和时间差安排好设计工作。优先确定设计规范，否则等开工了再进行修改会导致工作进度缓慢。菜单层控制在三级，不要超过四级。

③草图设计与制作：根据游戏风格制作界面草图。要根据市场确认用户操作习惯，规划好显示区域、操作区域、执行按钮区域等，从主界面开始逐层深入设计，设置一些常用的界面，如弹出框、功能按钮、道具图标、技能图标等。

④局部细节的处理与展示：对设置按钮进行草图绘制，绘制时一定要注意造型风格的统一。选中设置按钮图层，对设置按钮草图进行线稿细化，然后用选框工具勾选出设置按钮最上面的造型部分。对选框工具勾选出来的造型部分进行固有色填充，对设置按钮进行全部固有色填充以及细节的绘制，注意要把设置按钮中的金属材质表现出来。对绘制好的设置按钮进行文字添加。为了与整体界面风格保持一致，文字使用了与画面相匹配的字体，并在界面中摆放好底座。这里的界面主要是选人界面，有一个角色的展示T台。因此，界面中的底座采用了T台展示的效果设计，并摆放在界面的最中心位置。摆放好底座之后，对底座的整体进行完整的草图设计。基

于整体界面的风格，给底座也填充一个深灰色的固有色。填充好固有色之后，对底座的细节进行草图绘制。对绘制好的底座细节部分进行线稿优化与色彩填充。这里对底座细节部分的材质质感的表现应与设置按钮保持一致。在绘制好的底座箭头上面绘制锚点，处理好细节之后进行复制并水平翻转，用绿色对底座箭头的中间部分进行固有色填充，再对底座进行描边。对底座箭头中间部分填充的绿色进行色彩饱和度的调整，让整体看上去更加有光泽，并对所有的元素进行细节的调整并优化。

二、移动端游戏UI设计

1.移动端游戏概述

移动是设备发展的未来趋势。移动端游戏主要指针对移动端平台的游戏产品。这里所说的移动端平台主要是能随身移动、体量小、轻便的设备，如手机、平板电脑、掌上游戏机等。典型的移动端游戏有《阴阳师》《开心消消乐》。

2.移动端游戏产品分类及UI设计

（1）手机游戏和平板电脑游戏

手机是集通信、办公、娱乐等多样功能于一体的移动设备，全球的手机用户已超过70亿，并逐年增长。但在生活节奏越来越快的当下，许多人其实并没有太多的空余时间和稳定的游戏场所去玩游戏。

作为移动设备，手机的容量比计算机要小，因此游戏画面质量肯定不如一些主机游戏和单机游戏，而且手机的屏幕大小对游戏体验也有较大影响。移动游戏中休闲益智类游戏始终有着较高用户人数和游戏时长，具有随开随玩、毫无心理负担的特点，正好满足了用户对移动游戏的要求。但随着一些重度游戏的发展，近几年也出现从端游转到手游的情况。

基于以上需求，在手机游戏UI设计中需要掌握以下原则：在引导性方面多花费功夫，因为移动手机屏幕较小，引导性按钮和文字应该更具有辨识度。在保证整体布局的基础上，尽量以图标代替文字，而且图标的引导性要强。移动端设备的屏幕尺寸非常多，需考虑到用户的操作体验等，针对不同尺寸的移动设备设计的游戏UI的尺寸也应有所区别。

与其他设备相比，手机会有很大的操作局限，如怎么在一小块区域内实现移动以及转换视角。由于操作和屏幕大小的局限，某些手机游戏的操控类UI就需要更加精简、实用。

平板电脑作为大屏移动设备，其尺寸、分辨率与手机有较为明显的区别。为平板电脑开发游戏（非完全移植）时，用户操作体验是重要的考虑因素。在UI交互上，平板电脑其实与手机有共通之处，如点击、滑动、拖拽等操作。

（2）掌机游戏

与手机、平板电脑相比，掌机在图形处理器、内存、按键等方面的游戏机能是专门针对游戏性能而研发的。因此，玩家在使用掌机玩游戏时的体验会更好。

在掌机发展的几十年中，其根本交互方式是不变的，即都是以按键为基础，即便是摇杆，也可以说是按键的一种进化。当然，在近年触屏技术的冲击下，掌机也增加了触屏的操控方式，如索尼公司的PSV、任天堂公司的Switch等设备。

绝大多数掌机游戏的基本操作仍然依靠按键实现，既可以是单击按键，也可以是长按按键。在有些游戏中，摇杆也有与鼠标类似的作用。在掌机中，不同的按键对应不同的功能或操作方式。随着掌机按键的增多，游戏内的部分界面甚至可以不用做出对应的UI图标，只需对应一个特殊的按键即可，具体引导也可以在游戏中实现。

三、其他平台游戏UI设计

1.家用机游戏UI设计

家用机发展至今，其控制的载体其实一直都是固定不变的——手柄。与掌机相同，其主要操作也由按键来实现。作为家用电视游戏机，其尺寸的跨度并没有掌机那么大，标准也更规范、统一。为了适用于不同尺寸的电视机、保证UI的清晰，家用机游戏UI的分辨率一般会达到与同时代较普及的显示器分辨率相同的级别。

同掌机一样，多按键使家用机在操作上有很多方式可以实现。在家用机上，由于其较强的操作实现性，游戏的UI可以做到十分简洁。

2.街机游戏UI设计

街机其实是一种在公共娱乐场所中经营的专用游戏机。街机游戏是指在街机上运行的游戏。典型的街机游戏作品有很多，如《魂斗罗》《彩虹岛》《拳皇》《街头霸王》等。其UI设计具有简洁直观、色彩鲜明等特点。

第六章

游戏平面视觉设计

平面设计构成要素

1.图形

图形是整个设计的主体，影响着整个设计的质量。对于设计者而言，这部分的设计更为灵活，能够运用的素材更为丰富，创作的空间更宽阔。而对于观赏者而言，这一部分是他们主要欣赏的部分。所以图形的审美特征对于设计十分关键。

（1）点、线、面

任何图形都离不开点、线、面的构成。点在几何学意义中是最小的一个图形单位，表示着一个坐标位置，不具有方向、形状和大小。无数个点组成了线，线有方向，也有形状，它是在点的基础上演变而来的，所以在表现形式上更为多样。其中线条又分为直线和曲线，在审美特性上直线更为直接、简单，曲线则通过柔美的转角营造出典雅、柔和之感。同时，线条的变化形式比点来说更多，通过改变线条的长度、弯曲程度以及线条之间的疏密，可以设计出不同的质感，对于信息的传播有着直接的影响。面是由无数条线段组合而成的平面图形或者空间图形，给人以想象的空间，为图形的创造设计开拓了另一片领域。面本身在表达效果上更加沉重、稳定，通过面与面之间的组合可以组成不同的空间图形，从而从三维视角展现出图形的空间性。

在设计的图形中，点、线、面之间的不同组合形式可以构成多变的图形，而这些图形借助于设计理念和设计原理蕴含了丰富的审美属性，它不仅要满足人们在物质和感官上的审美需求，还要传承文化传统内涵。

（2）标志

标志是图形设计中的一个具体应用，并且标志图形的设计一般与社团组织、国家地区、纪念意义、公司企业、商品产品、公共场合等有关，具有代表性。一般而言，通过标注标志，可以取代一般文字说明，表示具体的含义。

标志设计图形通过抽象化的图形。将企业文化、地区形象等具有特定含义的内容传递给大众，因而每一个标志图形都有象征意义。其实在标志设计图形中一般蕴含着两层审美意义：其一，通过对称、平衡、运动等设计原理设计出的形式美；其二，通过色彩的组合、图形的抽象化以及意境的设计营造出的意象美。在设计中主要审美特征是象征性，将产品的含义蕴含在设计的图形中，避免了图形线条的零散，并且通过大众的眼睛向他们传达产品信息，增添了消费者的乐趣。符号化的图像世界区分了商品，彰显了品味，将社会功能细分化，从而使图形的作用不仅局限在欣赏的角度，更多的是通过图形内在的含义传达出其社会价值。

2.文字

（1）与书法的比较：形式美法则

文字是符号语言之一，也是设计中常用的符号，而由于文字本身在我国流传已久，所以文字的构成已经得到了大家的认可，并在这几千年的传播中每一个文字都有着特定的内涵，这正是文化积淀的结果。传统的书法是表意的艺术，通过文字中的横竖撇捺直抒书法者的内心世界。所以说，书法的真正精髓不是突出书法者写的是什么，而是突出这些文字的每一笔画展现出的是怎样的一个字形，透过这些字又可以感受到什么。因而，书法的真正意义是通过文字来表达出一种境界，而对这种境界的解读又是因人而异的。

但是，在设计中文字主要通过选择不同的字体、色彩以及构成形式展现出排版的整体美感，所以文字在设计中的主要作用是连贯整个设计的各个部分，包括图形、信息以及内在。虽然说现在的文字设计运用了许多书法技巧和元素在里面，但是作为设计的一部分还是要为整个设计的目的服务，并且会受到排版的局限以及设计意义的牵制。

相较于书法的写意，设计中文字更多注重文字的形式美，即通过文字横排、竖排等方式，给整个设计带来不同的感受。而文字之间的间距也是编排的方式之一，文字本身字体的变化以及文字与图形的穿插等，都会对设计中文字的形式美造成一定的影响。因此，设计中文字超脱了传统文字表意的作用，通过不同的构造可以形成另一种美学上的享受。

（2）广告语

通过文字可以直观、便捷地将主题含义传达给大众，并且将"意识形态"转换为一种对话，加强了信息的穿透力。在审美特征上，广告语主要是通过言简意赅的文字尽可能地将主要信息表述出来。

3.色彩

（1）情感性和象征性

每一种颜色都有不同的视觉感受，这一点正是设计师在做设计时所积极运用的。通过对红、橙、黄、绿、青、蓝、紫各种颜色的选择、调配以及融合，形成了不同的设计风格，从而对整个设计的基调有了基本的把握。在审美特征上色彩是具有感情的，而这些色彩的选择也取决于设计者的设计构造。不同的颜色在表达上有着不同的感受。可以说不同的颜色就是不同的情感，也具有不同的象征含义。其实色彩的象征性与传统文化习俗有着很大的关系，而这些习俗也影响着人们对色彩的认识。

（2）技术性

色彩有三个属性，分别是色相、明度以及饱和度。色相分为红、橙、黄、绿、青、蓝、紫七种基本色调，明度是指色彩的明亮程度，饱和度是指色彩的鲜艳程度。在设计中，为了贴切设计初衷、更加准确地反映产品信息，在色彩的运用上要求更高。所以在搭配色彩以及运用色彩的过程中就要有美学审美意识，注重色彩的技术性。因此在设计过程中，设计应该处理好色彩的对比与协调的关系。有的设计师运用冷暖两种截然不同的色调对设计进行强调，有的运用暖色调展现出关怀的温暖之感，都反映着色相之间的对比与协调。同样，对明度和饱和度的不同选择会对观赏者造成不同的心理暗示，从而使设计有着不同的含义。

第一节　项目VI设计

在大数据快速发展的信息化时代背景下，VI系统作为品牌形象的重要视觉表现形式，对企业形象起到了重要的塑造、传播作用。在VI设计中片面注重视觉形式，忽略设计思维，是一种拔苗助长的做法。以"形态"为基点的设计思维，使设计语言不仅弥补了以往过于概念化的倾向，还对VI设计有了更深的理解。系统的观察和语言学的分析方法让设计师能更灵活地运用形态构成的形式美法则，提高对形态语言的转化能力。

对VI设计中形态语言的探索是一种视觉思维与表现形式的研究。视觉思维是一种积极的探索，具有高度的选择性，我们不仅对那些吸引我们视觉的形态本身进行选择，也对形态与空间关系进行选择。发现事物独特的形态之后，触动我们的是它的质感、肌理、边际线、色彩、轮廓线等，解析这些构成要素，让我们的视觉完完全全地成为一种积极的思维活动。视觉思维对形态的积极选择造就了形态语言表达的基础元素，结合理性思维的秩序表达，可以在平凡中寻找非常规的视觉震撼。

一、VI设计

在信息化时代下，企业竞争愈演愈烈，为寻求长远的发展，企业会对品牌形象的建设有迫切的需求，在建立起完善的VI视觉识别系统的同时需要考虑与受众在情感联系上的亲密程度及统一的价值观。VI系统应用人性化、情感化的设计，使传达者可以直观地去表达自己的品牌形象，对受众来说可以更容易接收到企业所传达的文化内涵。传统的VI系统设计在平面领域已经足够成熟，从全球著名的跨国公司苹果、大众、可口可乐等至今都屹立不倒的企业发展过程中发现，这些品牌都非常重视对企业形象视觉识别系统完整性的建立。

VI系统作为企业CIS（Corporate Identity System）中的一部分，将经营理念转化为视觉符号，在视觉上更加直观、具象地传达企业文化理念，人性化视觉识别系统的科学化、合理化有利于塑造完整的品牌形象、快速传播公司文化，如果把企业形象设计称为企业内部的一种经营策略，那么VI设计也应该在此领域被战略化。因此，一套完整的具有人性化特征的VI设计能与同类型品牌明显区分开，并通过现实的视觉形态将企业经营理念和文化内涵传达给受众，同时提高了企业内部员工的归属感。

其中，人性化在现代设计理念中的具体体现是：在产品外表美观的基础上，根据受众者的生活习惯，来满足受众对操作功能的要求，以及受众对情感的诉求。当今，在多个领域都有对人性化理念的应用，"人性化设计"从20世纪80年代开始被人们逐渐熟知，人性化、情感化的设计充斥着人们的生活，越来越多的设计者利用"人性化"的思维来考虑问题，人性化的表达方式在未来的艺术创作中将成为无法避免的设计原则，也可能是VI设计在将来设计需要奉行的准则之一。如今对设计作品的需求不单局限于二维的平面的造型及颜色，更多的是对于心理和情感上的需求，这要求设计者在设计过程中对作品赋予更多的内涵。设计的根本目的是要符合人性的需求。因此，人性化的情感需求已经逐渐成为现代VI系统设计在企业发展中的重要组成部分。

二、VI设计中形态语言的构成要素

在现实形态和概念形态中可提炼出VI设计所需的形态元素，结合形式美构成的法则，寻找耐人寻味的视觉趣味，把形态转变成点、线、面之间的故事。改变习以为常的对象存在状态、观者与对象的距离、观看对象的角度等，通过这些观察方式得到事物的不同形态及对过程的体验。把这种体验和观察到的结果运用到视觉设计的组织秩序中，让VI设计作品在知觉上能快速、准确地感受到设计师所要传达的信息。形态因素是我们语言表达的"词汇"，而构成法则是"语法"。

1.词汇——形态要素

在平面形态的构成元素中，我们通常是通过视觉的语言来进行感受。从视觉语言入手，对视觉元素进行点、线、面的解析。根据知觉心理学，我们对于平面形态的认识，是通过视觉的心理效应而产生感性语言的，以记忆中的和过去的经验为基础而产生的一种联想，然后对所感受到的形态做出视觉上的解释。这种见到的、感受到的视觉语言是靠线条、大小、形状、色彩、肌理等要素来表现的体验，从而把视觉形象直接呈现在人们眼前，是一种形态的视觉语言的传达，也是形态语言的表达。视觉元素的存在形态受场景中的方向、位置、空间、重心等因素对表现效果的影响，体现在对认识形态和感受形态以及对形态语言的组织、排列方法上。

2.语法——秩序法则

（1）平衡与节奏

平衡是一种基本状态，有身体的平衡、家庭和事业的平衡、买卖的平衡、杠杆的平衡等。在设计中，平衡使画面中的元素之间形成有力量的联系，当元素之间或者与白空间之间的关系出现力量上失衡时，画面的动感、紧张感、不和谐的情形就出现了。因为在现实中，视觉上的平衡是事物的形态在大小、体量上的分布均衡得到的。对称是一种特殊的平衡，但对称不是获得平衡的唯一方式。平衡不单只是静止的，如杂技演员不断调整自启的方向而获得平衡。做VI设计，就是要调整画面上相联系的元素的大小、肌理等因素，直到画面和谐，或是为了突出某种想要得到的意象，做到动态的平衡。空间关系上的长、宽、高、距离等因素构成了事物内部或者事物之间的动态张力。有平衡就有重心，把握事物的重心，使其对等的两边势力相当，所呈现出的状态才是稳定的。

节奏感是人的形式感中一个重要的组成部分。由于自然界运动的周期性，产生了许多节奏现象。节奏是一种重复的规则，是事物周期性连续的过程而产生的一种秩序美。节奏的表现则有强有弱，不同的节奏会给人不同的律动感。节奏感强，则有生硬，强烈的印象；节奏感弱的形式变化比较小，有温顺、柔和之感。另外，由疏密和递进的增减所形成的节奏感对视觉有一种引导的作用，对视觉阅读的顺序起到导向作用。事物形态中各元素的重复和变化就像音乐的优美变奏一样，使图形的趣味性有所增加，生命感更强。

（2）比例

比例构成了事物形态之间以及内部的匀称关系。在数学中的关系为 $a:b=c:d$。比例是没有一个统一标准的，通常情况下人们都会按照人体的尺度作为一个参照物来衡量世界上的事物形态。习惯上，我们称大象为"大象"，虫为"小虫"，这都是以人作为比量的结果。另外，比例还依托于背景而存在，客观上讲，比例是所描绘的形态与正常实体物的形态有一定的对应关系。主观上，我们会拿实物形态跟自已头脑中已有的印象相比较。

比例是相对的，可大可小，取决于它所在的周围元素的大小。形态大小的对比会让画面看亲来有种紧张和运动的感觉。VI设计中，常常通过变化比例让空间产生不同的概念。

（3）图与底

图与底是正负空间。负空间，很多时候也被称为"白色空间"。通常，空间会把我们的注意力吸引到内容上，也就是"图"，我们的视觉会不自觉地把它与周围不相干的内容区分开，把它视为烘托图形的陪衬。殊不知，负空间也有自己的形状和独特的形态，在我们的作品构成中起到和"图"一样的视觉力量。因此，负空间的形态同正空间一样，需要得到我们在构成上的同等对待。

（4）模块

模块可以被当作一个固定的元素，把其搁置在一个更大的系统或是结构中时，一个模块就相当于点阵图像中的一个像素格。点阵图像中的像素很小，我们注意不到它，但经过数倍放大后，其相互之间又会是一种独立的形态，在严格的逻辑系统排列下构成了完整的图像。我们把事物形态当作一个模块，努力用模块来制造出意料之外的结果。从一个全新的角度去审视熟悉的事物形态，让人们熟悉的事物形态并按照一定的逻辑系统来组织，让形态语言的表达更具丰富性。就像玩乐高积木块一样，可以排列出无数种样式，只不过这次的"积木块"要设计师自己发现或者创造出来。

（5）层次与透明度

层次是在VI设计中需着重考虑的，现在很多软件都可以轻松的帮我们实现，图像元素相互叠加、相互重叠的效果，不仅在视觉工作中，在音频的工作中也离不开层次。层次的概念来源于现实的世界。比如，我们的交通网络：航线、铁路线、高速线等构成了重叠的、多层次的交通网络，他们保持各自的特征，同时结合成为一个统一的整体。视觉环境中有层次的画面随处可见，墙壁、画框、窗户、窗帘、窗外景色……

在视觉创作中，可以把不同形态的元素组织到一起，经过剪切、裁切、粘贴和排列来表达。有层次就有遮挡关系，通过改变元素的比例、位置、色彩、透明度等建立元素多样的层次关系，拉开视觉空间的深度。

透明度和层次是相关的，透明形态可以显得苍白或简单，也可以产生空间上的前后、主次。在现实的世界中，大多数形态或多或少都是透明的，或者说有透明的形态。做VI设计的时候可以调整任何实体形态的透明度，让现实中不能透明的形态在视觉上有生动的表现，让不透明的元素形态具有透明的功能性，让形态语言变得有意味性。

（6）时间和运动

时间和运动紧密相关，任何移动的形态都具有空间性和时间性，静止的形态也往往暗含着运动。静止指一个位于中心，平行于边框的物体，表现为静止的形态；倾斜指以对角的形态具有动感；裁切指部分被裁切掉的事物形态表现为正想离开进入另外一个系统中。

平面的视觉元素通常有种单调沉闷的感觉，如果想在平面上创造出三维的动势效果，就要让视觉的元素去"欺骗"我们的眼睛，产生运动的感觉。

若光和相机都处于静止状态，拍摄出来的光就是静止的状态的，如其中一个条件运动，就会拍摄出流动形态的光。

从视觉层面探讨形态，侧重的是视觉的呈现状态。以发现、提炼、组织秩序、空间转化为线索，关注的是视觉表现知觉思维，探索的是视觉特有的内在构成方式。从元素、秩序两个层面可以体现作品中形态的结构关系。

三、VI的基本设计系统

VI的基本要素是表达企业经营理念的统一性基本设计要素，是应用要素设计的基础，为在信息传播中达到对内、对社会公众视觉上的一致，从而塑造的明确而统一的企业整体形象，因而对基本要素中标志、标准字、标准色的应用有着极其严格的使用规定，在应用设计中不能随意改变。

其内容包括企业名称、企业标志、变形标志、标准字体、印刷字体、标准色彩、辅助色彩、编排模式、象征纹样、吉祥物、企业宣传标语、口号、标准组合、禁止组合规范等。

四、VI视觉应用要素系统

应用VI设计系统是以基本要素为基础的实用设计，广泛用在企业各种媒介物上，透过企业全方位的整体传播系统达到统一识别的目的，应用VI设计系统所含项目多、层面广、效果直接，具有强烈的传播力合感染力，其具体包含以下六类。

第一，办公用品：名片、信封、信纸、传真纸、专用职位牌、来宾卡、出入证、接站牌、证书、公文袋、文件袋、档案袋、员工手册封面、纸杯、桌牌、工作证、胸卡、票据样本、合同书规范格式、义件夹、通讯录、报告规范格式、光盘封面规范、专用纸巾、茶具、烟具、包装纸、封箱胶、请柬、邀请函等。

第二，环境形象设计：企业旗帜、挂旗、吊旗、竖旗、企业外观标识、企业名称牌、室内外灯箱（横、竖）、外墙标识、户外招牌、入口指示、背板、接待台、业务柜台、咨询台标牌、口号标牌、会议室背板、会议室讲台、公告栏、新闻发布会背板等。

第三，标识指示系统：方向指引标识牌、警示标识、安全通道指示牌、温馨提示牌、停车场指示牌、部门形象标识牌、户外指示牌、室内挂式导向牌、楼层信息牌等。

第四，广告媒体规范：企业形象路牌、灯箱广告规范、内部报刊设计规范、企业形象广告报纸版式规范（有1/4版、半版、整版、半通栏、通栏等）、电视广告版式规范、网页广告规范、POP格式规范、手提袋、贺年卡、挂历版式规范、台历/日历卡版式规范等。

第五，服装系统规范：企业徽章及工号牌、男女工作人员制服、工作制服、运动服、运动帽、T恤、工作帽、安全帽等。

第六，车辆系统规范：轿车外观标识规范、各类运输车辆外观标识规范、大型客车外观标识规范、应急通信车外观标识规范等。

五、编制VI视觉识别手册

设计手册结构体系主要包括各设计项目的概念说明和使用规范说明，如企业标志的意义、定位、单色或色彩的表示规定、使用说明和注意事项，标志变化的开发目的和使用范围，具体禁止使用例子等。还包括各设计项目的设计展开标准，使用规范和样式、施工要求和规范详图，如事务用品类的用字体、色彩及制作工艺等。

1.设计手册编制形式

其一，将基本设计项目规定和应用设计项目规定，按一定的规律编制装订成一册，多采用活页形式，以便于增补。其二，将基本设计项目规定和应用设计项目规定，分开编制，各自装订成册，多采用活页和目录形式。其三，根据企业不同机构（如分公司）或媒体的不同类别，将应用设计项目分册编制，以便使用。

2.设计手册具体内容

其一，引言部分。例如，领导致词，企业理念体系说明和形象概念阐述，导入CI（Corporate Identity）的目的和背景，手册的使用方法和要求。其二，基本设计项目及其组合系统部分。例如，基本要素的表示法、变体设计等。其三，应用设计项目部分。其四，主要设计划要素样本部分。例如，标志印刷样本或干胶，标准色色票等。

六、VI设计中的应用策略

1.形意合一的文字符号应用

文字符号是所有VI设计中不可或缺的重要组成部分，无论是英文缩写还是中文简繁体，在VI设计中都无处不在且传达着VI设计的艺术理念。极简主义作为一种设计风格，所主导的实用性价值，决定了文字符号所传达出的主题内涵、核心价值、深层文化的高度统一。过于复杂的文字表达，并不利于客户快速感知其中的深刻寓意。因此,极简主义下的文字符号,在VI设计中呈现出形意合一的应用规律。

如著名品牌小罐茶其主体VI形象中的汉字标志上,并未采用多数茶叶品牌所选择的中国书法字,而是选择相对简单标准的电脑宋体字,并套在三个极为规则的圆形之中。中国书法字虽然挥毫泼墨尽显大家风范,但是小罐茶所要表达的主体内涵在于"小",其商品属性也决定了茶在罐中"量小而精"的重要特点。标准且使用率极高的宋体字,代表着一种广泛性、普遍性、大众性,能够令消费者感受到小罐茶的亲民形象,同时在其VI设计理念中产生了快速识别的形象特征。小罐茶成功运用简洁文字形意合一,传达出品牌内涵与价值,无疑是现代VI设计中的经典佳作。从市场接受度和反馈效果来看,这也证明了文字符号形意合一的应用效果。

2.寓意丰满的图形语境应用

无论是文字还是图像,很多隐含其中的信息既是形象的也是抽象的。极简主义的深层设计理念在于化繁为简,让人们快速识别与快速记忆,并与之和谐共处。但是,简单的VI形象背后并不代表空洞的内在,反而是更加深邃的精华。如果一份VI作品仅有表象解读,内在空洞毫无意义,那么这样的极简风格便违背了"关注人性"的本质。因此,在极简主义风格中,寓意深远的图形语境应用才是其VI作品的可贵之处。

如美团外卖的VI形象选择众所周知的袋鼠形象作为一种品牌价值的艺术表达与延伸。之所以选择袋鼠作为品牌形象的标识,其深层寓意有三。一是袋鼠跳动奔跑时速可达每小时五十千米以上,传达美团外卖的配送速度之快。二是如果单以速度见长可选择性很多,猎豹或豺狼的奔跑速度均快于袋鼠,但是显然这些动物的图像信息缺乏一种亲和力,与终端服务、客户零距离接触、时刻关注客户用餐安全的品牌形象并不相符。反而是袋鼠的可爱形象更加契合美团外卖的企业文化价值输出,故而选择袋鼠形象,也成就了美团外卖品牌形象的亲民寓意。三是袋鼠作为一种哺乳动物,是唯一将幼子养育在怀中的动物。这种母爱形象,恰似美团外卖骑手对接单食物发自内心的关爱,印证速度与服务兼顾的品牌形象。因此,选择袋鼠作为品牌文化的图形语境,不仅VI形象上兼顾速度与服务,更加传递出美团外卖品牌所要向顾客传递的多重企业文化寓意,故而虽为极简主义的设计理念表达,却深藏经久不衰的文化内涵。

3.清新自然的色彩搭配应用

色彩在平面设计中的应用灵活自由,不受光源色、固有色以及环境色的束缚,具有一定的随机性，并主导了VI形象所要表达的深刻理念。而且人们对色彩的记忆普遍高于图形结构，对于色彩搭配突出的VI形象久久无法忘却。极简主义风格之下的VI设计，更加是注重色彩搭配的规律，但与其他风格不同的是，极简主义更加倾向于清新自然的色彩表达，少有极简主义VI作品超过三种色彩组合搭配方案。其中蕴含极简主义化繁为简的内在机理，同时承载着设计者对于现代审美情趣的深刻理解。

如白酒品牌江小白的VI形象设计，色彩搭配方案仅为"黑、白、天蓝"，简约的颜色搭配方案中无疑给人一种清新自然的感受。这种设计观感正是契合生态化自然和谐之美的艺术形象构建。江小白的目标市场为中低端客户群体，与众多国酒品牌形象所要传达的富贵、雍容、喜庆等寓意截然不同。江小白的VI品牌形象浅层心理暗示的理念，是现代青年消费群体的一种个性化的潜意识表达和需要，过于复杂的色彩，反而无法概括这种独特的个性。色彩运用极简化处理后，品牌被诠释为独特见解、对世界另辟蹊径的解读、对生活压力的排解、对生命体验的深刻理解。正是这种极为简约的色彩搭配运用得当，才激发终端消费者对VI形象的文化认同，成就了江小白的市场接受度。不难发现，剔除复杂色系反而能够起到化繁为简的积极效果，极简主义的VI形象方能孕育而生。

第二节　平面设计原理

设计一词来源于英文"Design"，以中文来讲，有"人为设定，先行计算，预估达成"的含意。设计涉及的范围很广，包括工业、环艺、装潢、展示、服装、平面设计，等等，平面广告设计作为设计的一个重要分支，由于它的广泛性与普遍性成为了解设计最为快捷的一种途径。对于这种徘徊于主流与非主流之间的艺术形式，观念成为引导实践最直截了当的方法，想要学好平面设计，首先需要了解设计的真正内涵。

设计的范畴很广，包括美学和设计学两大类。艺术美学是艺术设计的指导思想，艺术设计是艺术美学的具体实践。艺术美学较为抽象，艺术设计较为具象。不同的艺术设计可以体现不同的艺术美学思想，不同的艺术美学有赖具体的艺术设计体现。艺术美学较为形而上，艺术设计较为形而下。对于现实的就业来说，艺术美学主要是培养从事专业美术事业的艺术家或是从事美术教育工作的工作者，而艺术设计是艺术与科学，生产与生活紧密结合的学科，主要培养从事设计艺术创作与设计以及理论研究的人才。设计艺术学专业学生要在掌握艺术设计基本理论和专业技能的基础上，更深入系统地学习公共视觉传达、公共环境艺术、装饰壁画、数码交互艺术、玻璃艺术、建筑造型艺术、城市艺术等内容，在当下的就业方向包括环境艺术设计、装饰设计、装潢设计、动画设计、媒体广告设计等。

一、什么是"平面设计"

人们常常提到的"媒体广告设计"就是"平面设计"。平面设计是现代设计中不可缺少的组成部分，因其独特的艺术性、专业性，在设计领域具有一定的地位。在现实生活中，人们几乎每天都在接触并感受着平面设计，读书、看报、上网、逛街，随时都被包围在平面设计之中。平面设计可谓是无处不在的。

平面设计，英文为"Graphic Design"，Graphic 常被翻译为"图形"或者"印刷"，其作为"图形"的涵盖面要比"印刷"大。因此，广义的图形设计，就是平面设计，指的是将不同的图形，按照一定的规则在平面上组合成图案。主要在二维空间范围之内以轮廓线划分图与底之间的界限，描绘形象。也有人将 Graphic Design 翻译为"视觉传达设计"，即用视觉语言进行传递信息和表达观点的设计，这是一种以视觉媒介为载体，向大众传播信息和情感的造型性活动。此定义始于20世纪80年代，如今视觉传达设计所涉及的领域不断扩大，已远远超出平面设计的范畴。

当翻开一本版式明快、色彩跳跃、文字流畅设计精美的杂志，即使你对其中的文字内容并没有什么兴趣，有些精致的广告也能吸引住你。这就是平面设计的魅力，它能把一种概念，一种思想通过精美的构图、版式和色彩，传达给看到它的人。人们在不自觉地感知它的同时，也随之做出选择、判断和行动。

平面设计最早是在20世纪80年代随港台出版的设计类图书流入大陆的，当时的定义是，平面设计是透过文字、图案、插图及摄影的表现方式，来表达作品的内容和意念，而广泛地被利用在商业设计上。此商业设计的行为为使大众留下深刻的印象，以达到它的促销目的而通过专业的视觉设计与精美的印刷，表现在标志、传单、包装、报纸、杂志、月历、直邮广告（DM）、海报等媒体上，把迅速而正确的消费意念、消费信息传达给消费者身上，以达成销售的目的。

平面设计是指经由印刷过程而制作的设计，因此又称为印刷设计，是商业设计的主要范围。如海报、报纸杂志广告、包装、标贴、编辑设计、封面、广告信函、说明书等，电影、电视片头、广告影片等设计也包括在内。平面设计是设计范畴中非常重要的一个组成部分，所有二维空间的、非影视的设计活动都基本属于平面设计的内容。除了平面上的活动这个含义外，还具有与印刷密切相关的意义，特指印刷批量生产的平面作品设计，特别是书籍的设计、包装设计、广告设计、标志设计、企业形象系列设计、字体设计、各种出版物的版面设计等，是平面设计的中心内容。

平面设计是把平面上的几个基本元素，包括图形、字体、文字插图、色彩、标志等以符合传达目的的方式组合起来，使之成为批量生产的印刷品，使之具有更加准确的视觉传达功能，同时给观众以设计需要达到的视觉心理满足。现代平面设计是一个多元化的学科，它是科技与艺术的结合，同时是商业社会的产物。在商业社会中需要艺术设计与创作理想的平衡，需要客观与克制，需要感知与满足，因此需要借作者之口替委托人说话。传达和劝服就是平面设计所研究和反映的内容。

作为实用艺术的平面设计，实用和审美相统一的本质特征决定了平面设计须以预期产生的效益为目标，以时代变革的步伐为节奏，以社会整体的审美素质为参照，以接受者或消费者的心理定向为前提，使视觉传达得以突破一般性视觉习惯，制造一种"视觉的尖锐化"，以此加强和改变人们的观念。可见，符号化、图式化、简洁、明快、显明、易记就成为平面设计这种视觉传达艺术重要的形式规律和特征。平面设计尝试着用各种充满语义的视觉要素，如符号、色彩、图形、影像、文字，去劝服人们努力改变思维的定势和习以为常的生活方式，积极地接纳新生事物和新观念，最终达到一种持久的可信度。平面设计也就完成了它的使命，解决了它的问题。

二、平面设计构思技巧

构思是设计的灵魂。在设计创作中很难制定固定的构思方法和构思程序的公式。创作多是由不成熟到成熟的，在这一过程中肯定一些或否定一些，修改一些或补充一些，是正常的现象。构思的核心在于考虑表现什么和如何表现两个问题。回答这两个问题则要解决以下四点：表现重点、表现角度、表现手法和表现形式。如同作战一样，重点是攻击目标，角度是突破口，手法是战术，形式则是武器，其中任何一个环节处理不好都会前功尽弃。

1.表现重点

重点是指表现内容的集中点。如包装设计在有限的画面内进行，这是空间上的局限性。同时，包装设计在销售过程中又是在短暂的时间内被购买者所认识，这是时间上的局限性。这种时空限制要求包装设计不能盲目求全，面面俱到。有些设计师习惯将所有和设计有关的元素全部都放上去，这反而适得其反，什么都放上去等于什么都没有。

设计师在设计作品的时候，不要一味只考虑作品的美观程度，还要对消费、销售等有关资料进行比较和选择，这样做的目的只有一个，就是提高销售。对于这些与设计构思有关的媒介性资料，在设计时要尽可能地多做了解，并加以比较和选择，进而确定表现重点。因此要求设计者要有丰富的有关商品、市场的信息、生活知识与文化知识的积累。积累越多，构思的天地越广，路子也越多，重点的选择亦越有基础。设计重点的选择可以从商标含义、商品本身和消费对象三个方面下手。其中，对于一些具有著名商标的产品可以使用商标为表现重点。例如，苹果、联想等大品牌商品；对于一些具有独特特色的产品或新产品的包装则可以用产品本身作为重点。例如，茶叶、食物等商品；一些对使用者针对性较强的商品包装可以以消费者为表现重点。例如，某些化妆品和饰品。以商品本身作为表现重点的方式是最为关键的。总之不论如何表现，都要将传达明确的商品内容和信息作为重点。

2.表现角度

当确定表现重点后，要考虑使用什么样的角度来表现这种重点，即找到主攻目标后还要有具体确定的突破口。如以商标为表现重点，是表现形象？还是表现商标所具有的某种含义？如果以商品本身为表现重点，是表现商品外在形象，还是表现商品的某种内在属性？是表现组成成分还是表现其功能效用？对于任何事物每个人都有不同的认识角度，在表现上比较集中于一个角度，这将有益于表现的鲜明性。

3.表现手法

对于很多设计师而言，表现手法是其最为关注的。表现重点与表现角度就好比目标与突破口，表现手法可以被看作是战术层面。表现的重点和角度主要解决了表现什么，这只解决了一半的问题。好的表现手法和表现形式是设计的生机所在。不论如何表现，都是要表现内容以及内容的某种特点。从广义看：任何事物都必须具有自身的特殊性，任何事物都必须与其他某些事物有一定的关联。这样，表现一种事物、一个对象，就有两种基本手法：一种是直接表现，即直接表现该对象的一定特征；另一种是间接表现，也叫借助表现，即间接地借助于该对象的一定特征来表现事物。

（1）直接表现

直接表现是指表现重点是内容物本身。包括表现其外观形态或用途、用法等。最常用的方法是运用摄影图片或开窗来表现。除了客观地直接表现外，还有以下一些运用辅助性方式的直接表现手法。

①衬托：是辅助方式之一，可以使主体得到更充分的表现。衬托的形象可以是具象的，也可以是抽象的，处理中注意不要喧宾夺主。

②对比：是衬托的一种转化形式，可以叫反衬，即从反面衬托使主体在反衬对比中得到更强烈的表现。对比部分可以具象，也可以抽象。在直接表现中，也可以用改变主体形象的办法来使其主要特征更加突出，其中归纳与夸张是比较常用的手法。

③归纳：归纳是以简化求鲜明，而夸张是以变化求突出，二者的共同点都是对主体形象作一些改变。夸张不但有所取舍，而且还有所强调，使主体形象虽然不合理，但却合情。这种手法在我国民间剪纸、泥玩具、皮影戏造型和国外卡通艺术中都有许多生动的例子，这种表现手法富有浪漫情趣。

④夸张：归纳是以简化求鲜明，而夸张是以变化求突出，二者的共同点是对主体形象作一些改变。夸张不但有所取舍，还有所强调，使主体形象虽然不合理，但却合情。这种手法在我国民间剪纸、泥玩具、皮影造型和国外卡通艺术中都有许多生动的例子，颇富有浪漫情趣。包装画面的夸张一般要注意体现可爱、生动、有趣的特点，而不宜采用丑化的形式。

⑤特写：指大取大舍，以局部表现整体的处理手法，使主体的特点得到更为集中的表现。设计中要注意所取局部特性。

（2）间接表现

间接表现是比较内在的表现手法，即画面上不出现在表现的对象本身，而借助于其他有关事物来表现该对象。这种手法具有更加宽广的表现范围，在构思上往往用于表现内容物的某种属性或牌号、意念等。就产品来说，有的东西无法进行直接表现，如香水、酒、洗衣粉等，这就需要用间接表现法来处理。同时，许多可以直接表现的产品，为了求得新颖、独特、多变的表现效果，也往往从间接表现上求新、求变。间接表现的手法是比喻、联想和象征。

①比喻：指借它物比此物，是由此及彼的手法，所采用的比喻成分必须是大多数人所共同了解的具体事物、具体形象，这要求设计者具有比较丰富的生活知识和文化修养。

②联想：联想法借助于某种形象引导观者的认识向一定方向集中，由观者产生的联想来补充画面上所没有直接交代的东西，也是一种由此及彼的表现方法。人们在观看一件设计作品时，并不只是简单地视觉接受，而总会产生一定的心理活动。一定心理活动的意识，取决于设计的表现，这是联想法应用的心理基础。联想法所借助的媒介形象比比喻形象更为灵活，既可以具象，也可以抽象。各种具体的，抽象的形象都可以引起人们一定的联想，人们可以从具象的鲜花想到幸福，由蝌蚪想到青蛙，由金字塔想到埃及，由落叶想到秋天，等等。又可以从抽象的木纹想到山河，由水平线想到天海之际，由绿色想到草原森林，由流水想到逝去的时光。窗上的冰花等都会使人产生种种联想。

③象征：这是比喻与联想相结合的转化，在表现的含义上更为抽象，在表现的形式上更为灵活。在包装装潢设计，象征主要体现为在大多数人共同认识的基础上，用以表达牌号的某种含义和某种商品的抽象属性。象征法与比喻和联想法相似，但更加理性、含蓄，如用长城与黄河象征中华民族，金字塔象征埃及古老与文明，枫叶象征加拿大，等等。作为象征的媒介在含义的表达上应当具有一种不能任意变动的永久性。在象征表现中，色彩的象征性的运用也很重要。

④装饰：在间接表现方面，一些礼品包装往往不直接采用比喻、联想或象征手法，而适宜用装饰性的手法进行表现，这种"装饰性"应注意一定的方向性，利用这种性质引导观者的感受。

4.表现形式

表现的形式与手法都是解决如何表现的问题，形式是外在的功具、是设计表达的具体语言、是设计的视觉传达。表现形式的考虑包括以下一些方面。

主体图表与非主体图形如何设计，用照片还是绘画；具象还是抽象；写实还是写意；归纳还是夸张；是否采用一定的工艺形式；面积大小如何等。色彩总的基调如何，各部分色块的色相、明度、纯度如何把握，不同色块相互关系如何，不同色彩的面积变化如何等。牌号与品名字体如何设计，字体的大小如何。商标、主体文字与主体图形的位置编排如何处理，形、色、字各部分相互构成关系如何，以一种什么样的编排来进行构成。是否要加以辅助性的装饰处理，在使用金、银和肌理、质地变化方面如何考虑等。

在设计工作中，除字体设计外，文字的编排处理是形成设计效果的又一重要因素。编排处理不仅要注意字与字的关系，而且要注意行与行，组与组的关系。文档上的文字编排是在不同方向和位置上进行整体考虑，在形式上要尽量体现出丰富的变化。在编排中除了注意粗细，字距，面积的调整外，行距与字距要有明显的区别。比较规范的文字编排，一般是行距为字高的三分之四。装饰变化的文字关系可以灵活多变。包装文字编排设计的基本要求是根据内容物的属性，文字本身的主次，从整体出发，把握编排重点。所谓重点，不一定指某一局部，也可以是编排整体形象的一种趋势或特色。就编排形式的变化讲，是可以多变的，并无一定模式，常用的文字编排类型有：横排形式、竖排形式、圆排形式、适形形式、阶梯形式、参差形式、草排形式、集中形式、对应形式、重复形式、象形形式、轴心形式等。各种形式除单独运用外，也可以相互结合运用，并可在实际的编排中演变出更多的编排形式。

第三节　创意设计要素

北京奥运会充满创意设计的开幕式给世人留下美妙而深刻的印象，长期以来一直被人赞赏。斑斓的画卷、沉远的缶声、欢跳的字符、烂漫的笑脸、绚丽的烟花……在一切令人难忘的情境中潜藏着艺术与技术的完美结合，蕴含着精妙而震撼的创意，诠释了奥林匹克精神和世界的美丽，折射出中华民族的灿烂文明，也预示着即将到来的创意产业"辉煌时代"。

一、创意产业

1.什么是创意产业

1998年，英国首次正式提出"创意产业"的概念，定义创意产业指源自个人创意、技巧及才华，通过知识产权的开发和运用，具有创造财富和就业潜力的行业。根据这一定义，将广告、建筑、艺术和文物交易、工艺品、设计、时装设计、电影、软件、电视广播等十三个行业确认为创意产业。创意产业与传统产业最大的区别在于，前者通过创意为产品或服务提供实用价值之外的文化附加值，最终提升了产品的经济价值。通俗地说，创意产业就是靠头脑创造财富，是对机器化大生产的一种扬弃，是继农业、工业、服务业之后的朝阳产业，同时面向前者，使之更具活力。如很多经济学家预言的一样，创意产业的迅速崛起，标志着创意经济时代的到来。

2.全球创意经济的发展趋势

从创意主体看，正由精英创意转向草根创意。从创意目的看，正由以生产为中心转向以主导生活方式为中心。从创意载体看，正由"土地""能源""劳动"密集型产业转向"脑力""创意"密集型产业。

二、思维与创意

1.思维与创新思维

（1）思维

一般心理学认为，思维是人脑对客观现实间接的、概括的反映，是认识的高级形式，它反映的是客观事物的本质属性和规律性的联系。思维的特征和属性主要表现为两个方面，即概括性和间接性。

（2）创新思维

从一定意义上说，创新思维是分析与直觉、理性与感性的高效统一。美国心理学家吉尔福特（J.P.Guiford）于1950年总结出高创造力的人在思维上具有如下特点：思维的流畅性、思维的变通性、思维的新颖性。前一点强调量的优势，后两点突出质的提升，只有三点同时具备，才能判定其具有较强的创造力。

2.适合设计的创新思维——设计思维

（1）设计思维是一种高效复合体

设计的成败取决于创新思维能力，因为思维方式决定行为方式，不同的思维方式导致不同的设计结果。成熟和成功的设计师之所以成熟和成功，取决于驾驭自身思维的能力，他们能很好地按照事物的规律发挥脑力劳动。而一般人或未经过思维训练的设计从业者有时很难控制自己的思维和行为，或根本不知道自己在干什么，为什么这么干。

设计的创造性决定了设计师要具备创新思维能力，反映在设计活动中就是设计思维具有求异性、独创性等特征，但很多设计人员恰恰缺乏原创精神。这种现象在设计行业里司空见惯，甚至影响到设计教育，如张道一所言："当下的艺术设计教育发展得很快，社会上的急躁浮夸之风吹进了校园，急功近利影响着不少人。"他们放弃施展独立创意的机会，喜好以成功设计为摹本进行多次翻版。设计思维是以理性为基础、以创造性为核心，并综合多种思维形式的高效复合体。设计思维决定设计行为，注重设计思维可以避免设计过程和设计结果的空洞乏味，轻视设计思维从根本上不符合设计作为一种社会、文化活动的本质特性。设计的创造性本质决定了设计师要具备创新思维能力，这种不落俗套的思维涵盖了凌驾于常规之上的逆向思维、发散思维等。设计思维的创新性是建立在理性基础之上的。设计不排除感性及其他思维形式，灵感和顿悟就是感性的一种表现，是所有设计师求之不得的，但它们不会凭空出现。相反，所有的灵感和顿悟行为都是在深入思考之后得来的，这种深思熟虑背后隐藏着逻辑、直觉、想象与联想。

总之，适合设计的思维要符合可用性原则，具有求异性、独创性等特征，是融合多种思维形式的高效复合体。如彭吉象所言："在艺术活动中，抽象思维与形象思维也正是这样相互融合、彼此渗透、共同发挥作用的。"在多种思维榫接与转换的过程中，至少有一种成为主导型思维，根据艺术设计的特点，明确以理性为基础的创造性思维。只有在这个基础上才能完成显意识与潜意识的充分交融，促进思维渐进性与突发性的辩证统一，带动收敛、发散、逆向、灵感等多种思维的共同参与，体现设计思维的跃迁性、独创性、同构性等多重特性。

（2）设计思维是一种全脑思维

全脑思维是创造性思维的"总和"，包括思维介质的自由、思维方式的多样、思维转换的快捷、思维产物的创新等方面。设计思维的全脑特性包含三个方面的统一：创意与调研的统一、理性与感性的统一、意识与无意识、潜意识的统一。以上各个统一体中的一部分只是一个割裂的半球，仅靠单方面的能量无法实现全脑思维，影响创意的质量，只有合二为一，才能引发思维裂变，更能达成高质量的创意诉求。

三、创意技巧

1.设计是新"关系"的组合

很多设计师把设计看作一种组合。杉浦康平认为设计是艺术与技术的完美结合。可以理解为"艺术与工学的完美结合可以达到设计增值的效果"。中央美术学院教授周至禹总结为："设计的创新也是对既有要素的灵活综合，这种对各种可能的设计元素进行重新组合的能力，也是创新能力的一种反映。"

2001年，"艺术与科学国际作品展暨学术研讨会"在中国美术馆开展，参展作品大胆地体现了在艺术与技术结合上的创新，承载了新时代中国艺术家与设计师对这一问题的重新审视，这使得本次大展具有重大意义。从创意角度而言，其体现的也是一种组合关系。这些组合关系呈现在我们眼前的可能是加形、减形、变形、重组、置换等多种多样的形式，然而归结起来无非是在组合关系上寻求新意。

2.创意技巧示例

具体的创意技巧不胜枚举，如变形法、组合法、夸张法、空间法、拟人法、说明法、叙事法、比较法等。所有这些方法的核心都是对"关系"的阐释，通常是对两者或多者事物之间的关系进行再理解和再创造，如使毫无联系的事物建立联系，打破原有的固定关系，建立新的关系，受众在对"关系"的解读中理解创意，形成共鸣，获得快感。值得注意的是，对于广告设计而言，好的创意必须使受众有一个解读的过程，这一过程往往在设计师的掌握之中，形象、色彩、材质的运用具有一定的顺序性，通过顺序性的解读，关系逐渐清晰、明朗，创意最终被领会，既不能"一目了然"，也不能"晦涩难懂"。

3.创意技巧是创新思维的延伸

把创意技巧归入设计方法的范畴，在开展创意时，往往针对项目内容和设计目标进行有针对性的方法选择，这种针对性具有排他的特点，用不同的方法选择会出现完全不同的设计结果。而非凡的创意获取不能仅依赖创意技巧的运用，本质上取决于设计主体的创新思维能力。创新思维能力是创意的核心动力，创意技巧是具体操作的方法，是创新思维的延伸。所有具有真正创造性的活动都意味着更高层次的自我意识与个人自由。全脑思维能力和方法的训练，旨在提升设计师的创新品质和素养，完成对自我的塑造，追求更广阔的精神自由。这种内核一旦确立，会随时随地展现与众不同的想法，设计创意时就不会刻意追求某种创意技巧。

在训练过程中，受训者更加注重创意技巧的掌握，认为它们是获取创意的便捷手段，于是在开展设计创意时，往往习惯性地套用某种技巧，使创意技巧成为先入为主的手段。这样做会把创意限制在很小的范围内，让技巧成为难以逾越的藩篱，既不利于好创意的获得，也有悖于自由开放的思维要求。这就像处理很多艺术活动的整体与局部的关系一样，我们首先应该宏观地处理一首乐曲、一幅绘画或者一篇文章的意境、内涵等大关系，而不应坠入演奏、用笔、用词等细节的、技巧的深渊。另外，在运用技巧展开创意时，无疑是思维在单方面工作，忽略了潜意识和无意识的作用，形成不了有效的全脑思维，同样不利于好创意的产生。

四、创意策略

在天马行空的创意之前，需要有正确的策略来把握，不要认为创意策略是无用的束缚。

创意策略是掌握创意尺度的工具，有了创意策略的规范，做出最"正确"的广告，这比做出精彩但不正确的广告还要重要。它最重要的功能，就是在发展创意之前，由创意人员、业务代表（AE）、客户三方取得对产品、企业的知识，指导广告内容的执行方向。创意策略必须以产品特性、消费群体属性这两大特性做支柱，然后以创意的手法，让消费者相信你所讲的内容，准确来说这就是创意策略的要点。

策略具有整合性，不论是企业形象，还是同一商品的不同媒介表现，包括电视广告影片、平面广告、POP售点广告、产品的包装设计，等等，都应该遵循相同的创意策略。好的策略因该符合以下原则。

①诉求单纯：虽然摒弃了若干要点，却能获得更突出的重点。

②目标消费群明确且合理：对准明确的目标消费群，如果想面面俱到地把商品卖给所有人，也许最终会得不偿失，导致商品提早在市场上消失。此外，不要试图改变消费者的消费习惯，说服他们变换品牌则会容易许多。

③注意整合：一切广告活动都要以创意策略为中心，变通而统一。

④策略要符合时代要求：在写策略时，需要考虑到时代感、社会性。

⑤策略要符合时代要求：成功的创意策略还要实际，在写创意策略时，需要考虑到时代感、社会性。再好的创益策略也要建立在产品的高品质上，具有卓越的品质和服务，辅以准确的策略，品牌常胜的传奇就可以实现。

第四节 游戏标志设计

一、黄金分割

黄金分割又称黄金律，是指事物各部分间一定的数学比例关系，即将整体一分为二，较大部分与较小部分之比等于整体与较大部分之比，其比值约为0.618。0.618被公认为是最具有审美意义的比例数字也是最能引起人的美感的比例，因此被称为黄金分割。

摄影构图中经常采用井字形黄金分割，即当主体物也处于井字的小黄金点位时，整体构图会比较协调。同样，用黄金分割法做出的标志看起来更大气。

二、标志设计注意事项

①标志的用色要符合企业和品牌形象，避免使用会让人感觉不舒服的颜色。

②标志的造型要有寓意，可以让人联想到产品或企业品牌本身。

③标志要具有识别性，在黑、白、灰或彩色背景下能被识别。

④标志在不同尺寸下都要便于识别。

⑤标志看起来要浑然一体，没有琐碎的元素。

⑥标志如果带有中文，中文字体的风格和英文字体都要成套设计。

⑦标志的横向排版、纵向排版、正方形排版都要设计。

三、对标志的简单介绍

1.需求沟通

需求沟通指沟通了解产品需求，建立详细的需求文档。

2.找资料辅助灵感

需求理解明白后，设计方向也就清楚了，接下来就应找参考资料并建立资料文件夹，或者存储在一个 psd 文件里，如图6-1所示为游戏标志参考图。

3. 概念设计

概念草稿阶段可以头脑风暴，不要局限于一个方向，在概念阶段要能够充分地体现方案差异性，让需求方有可选性。概念方案一般有4～5个，手稿以黑白稿或者单色为主，如图6-2所示。这个阶段看的是造型形式整体感，不要过早考虑色彩、材质。

图6-1　游戏标志参考图

图6-2　手稿

（1）头脑风暴

初稿的几种常见方法有电脑字体变形、手绘手稿、拼图。

（2）字体与背景图形的表现

①字体的识别性：字体设计最忌讳盲目进行变形夸张创作，即看起来很花哨，但完全无法辨认。

a. 字体的排版。字体的排版根据字体的长度而定，字体长的内容，特别是英文名字需要考虑到上下结构的排版设计，倾斜、圆形、弧线排版让标志更富个性与趣味性，如图6-3所示。

b. 字体的辅助图形设计。有些标志可以考虑加入辅助图形。辅助图形可以从游戏中提取，好的辅助图形起到画龙点睛的作用，让标志更出彩，如图6-4所示。

②背景图形：背景图形设计应该注意，背景图案与字体的搭配，如大小比例、排版搭配；排版、背景图案应符合游戏主题；背景图案不要凌乱花哨、喧宾夺主，如图6-5所示。

图6-3　字体设计手稿

图6-4　辅助图形设计手稿

居中结构　　　　　　　　　　　　左右结构

其他背景　　　　　　　　　　　　无背景

图6-5　背景图形

4.上色

在多个黑白草稿中挑选一个方案进行细化上色。上色阶段可以根据游戏的整体风格进行搭配，提取游戏中的主色系。提取过程中不要过于刻画细节，多在颜色方案上进行尝试。颜色是一种情感表现的一种方式，应注意颜色给玩家带来的视觉感受，出4~5个方案让需求方进行选择。

5.质感的刻画

游戏标志和平面标志最大的区别之一在于质感，把握好质感的设计就等于把握好了游戏标志的设计。质感类别很多，有水晶质感、金属质感、石头质感、科技质感。应根据游戏风格、游戏世界观，甚至游戏UI来搭配游戏标志的质感，如图6-6所示。

6.光效、光感的补充

光效与光感可以让游戏标志更为细腻，更为高大上。需要注意的是，不是所有的标志都需要加一些光效特效。有些标志加上光效反而显得多余，要适当做加法或减法。

图6-6　质感

四、游戏标志设计流程

下面具体梳理游戏标志设计步骤。

①在 Photoshop 中新建一个 1470px×1100px，分辨率为 300px 的文档，如图6-7 所示，新建文档。

②使用组合键【Ctrl+U】打开【色彩平衡】面板，将明度设置为-50，如图6-8 所示，调整【色相/饱和度】。

图6-7　新建文档

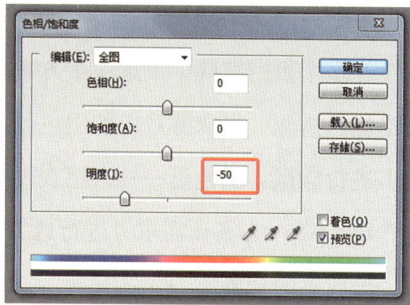

图6-8　调整

③新建图层，利用【钢笔工具】结合【选框工具】规整绘制出标志的纯色底板，如图6-9所示，绘制出标志纯色底板。

④打开标志底板的图层样式对话框，首先添加【描边】，打开"桌面—资源包—素材—1.jpg"图片素材，填充描边【图案】，并调整大小为2，位置居中，混合模式为点光，缩放调整为137%，具体参数设置。

⑤添加【图案叠加】样式，打开"桌面—资源包—素材—2.jpg"图片素材叠加
【图案】，并调整图案混合模式为正常，不透明度降低为85%，缩放为98%，具体参数
设置如图6-10所示为添加【图案叠加】样式。

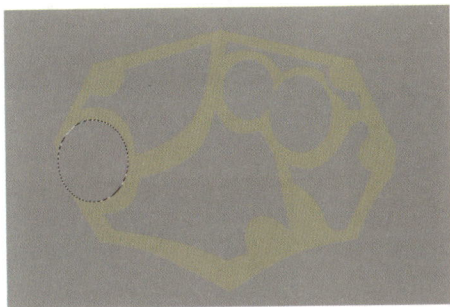

图6-9　纯色底板

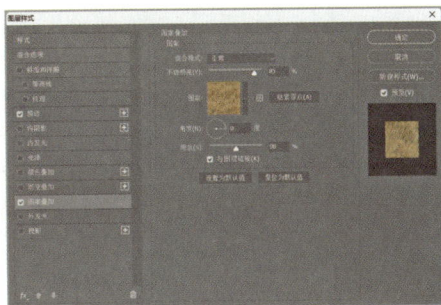

图6-10　【图案叠加】

⑥添加【渐变叠加】样式，调整渐变色条的颜色变化，并调整混合模式为叠加、
不透明度降为20%，线性样式90度，缩放为113%，参数设置如图6-11所示，添加
【渐变叠加】样式，调整完成效果如图6-12所示的效果图。

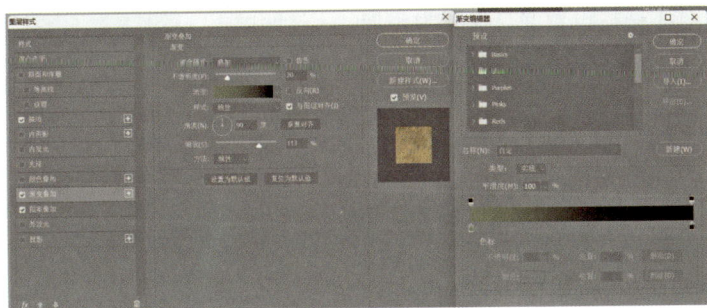

图6-11　【渐变叠加】

⑦添加【斜面和浮雕】样式，勾选"等高
线""纹理"结合整体，调整出立体效果，斜面
与浮雕一栏设置样式为内斜面。方法是，雕刻清
晰，深度123%，大小为1px，等高线一栏设置范围
为100%，纹理一栏图案为素材1，缩放104%，深度
+10%，具体属性如图6-13所示的添加【斜面和浮

图6-12　效果图一

雕】样式、图6-14所示设置"等高线"参数、图6-15所示设置【纹理】参数，得到效果如图6-16所示的效果图。

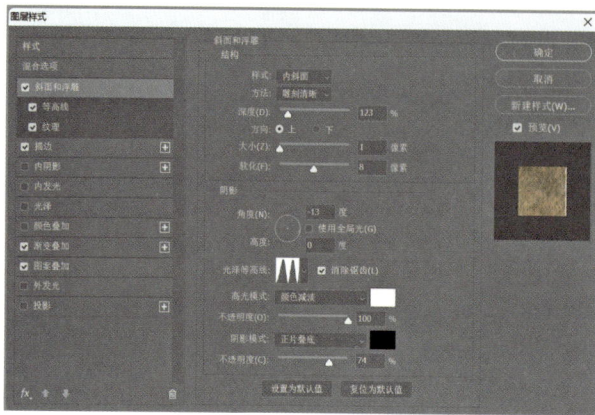

图6-13 【斜面和浮雕】

图6-14 "等高线"

图6-15 【纹理】

⑧添加【外发光】【内阴影】【投影】样式并加以调整，【外发光】一栏设置混合模式为线性加深，不透明度为24%，杂色为20%，方法为柔和，大小为6px。【内阴影】一栏设置混合模式为叠加，不透明度为74%，角度为-21度，距离为2px，大小为6px，杂色为26%。【投影】一栏设置混合模式为正品叠底，不透明度为76%，角度为90度，距离为16px，扩展为23%，大小为55px，杂色为20%。具体参数如图6-17所示的添加【外发光】样式、图6-18所示的添加【内阴影】样式、图6-19所示添加【投影】样式，得到如图6-20所示的效果图，突显立体感。

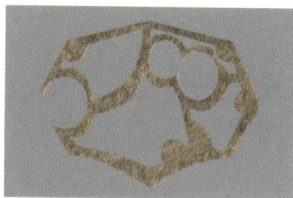

图6-16 效果图二

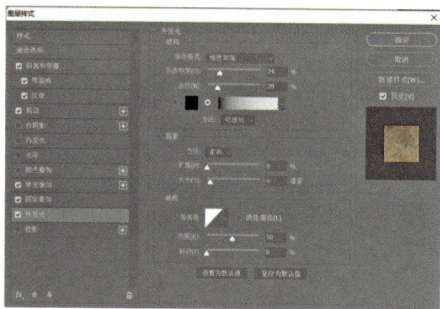

图6-17 【外发光】

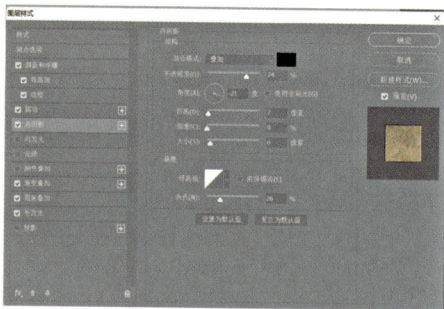

图6-18 【内阴影】

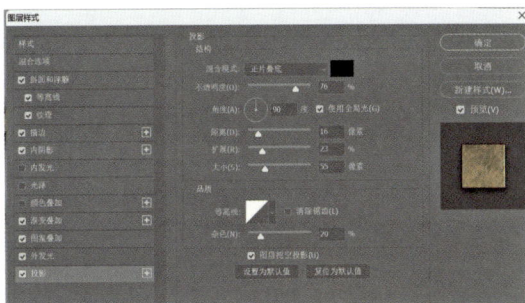

图6-19 【投影】

图6-20 效果图三

⑨标志底板绘制完成，接下来制作齿轮丰富画面。先参考金属小物件图片素材，如图6-21所示的素材金属小物件。再新建图层，利用钢笔工具、抠选选区或画笔绘制齿轮轮廓，如图6-22所示的效果图。

图6-21 素材

图6-22 效果图四

⑩齿轮图层样式添加【斜面和浮雕】，设置参数，如图6-23所示的添加【斜面和浮雕】样式，调整出立体效果，如图6-24所示的效果图。

⑪载入一张生锈金属材质图片素材或者齿轮图片素材，如图6-25所示的素材生锈金属材质，置于齿轮图层上，创建剪贴蒙板，调整图层为叠加，如图6-26所示，设置为"叠加"，利用"减淡／加深工具"绘制明暗，得到效果，如图6-27

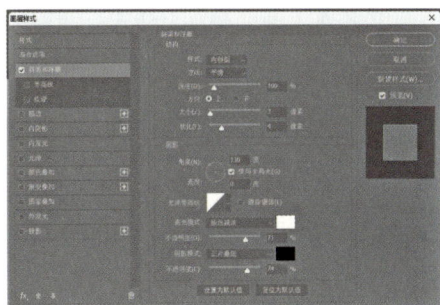

图6-23 【斜面和浮雕】

所示的效果图。

⑫利用同样的方法，新建图层，绘制第二个齿轮，加强亮部，置于标志底板图层下方，绘制小螺丝置于上方，如图6-28所示的效果图。

图6-24 效果图五

图6-27 效果图六

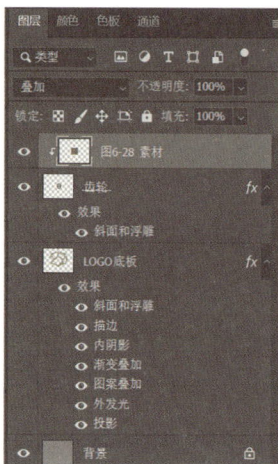

图6-25 素材

图6-26 叠加

图6-28 效果图七

⑬在最上方新建图层，利用选区工具，绘制两个小螺丝的纯黑轮廓。

⑭接下来图层样式主要制作小螺丝明暗的对比，为方便接下来立体字体的制作可以直接拷贝小螺丝的图层样式，将螺丝的立体效果与材质也一并做出来。

⑮添加【描边】样式，描边图案利用生锈金属材质图片素材，调整大小为2px，位置为居中，混合模式为颜色减淡，填充类型为图案，缩放为106%，单击确定。

⑯添加【图案叠加】样式，叠加真实金属纹理图片素材，调整各项属性，设置混合模式为正常，图案为素材1，缩放为106%。

⑰添加【渐变叠加】样式，调整渐变色条，设置混合模式为叠加，不透明度为64%，暗部使用黑蓝加深，仅遮挡材质，形成明暗对比。

⑱添加【斜面和浮雕】样式，调整各项属性，【斜面和浮雕】一栏样式为内斜面，方法为雕刻清晰，深度为123%，方向为上，大小为3px，角度为138度，高度为26度；【等高线】一栏范围为100%，【纹理】图案为真实金属纹理图片素材，缩放为106%，深度为+10%。制作出立体效果为立体字体制作做准备。

⑲添加【外发光】【投影】样式，调整各项属性，【外发光】一栏设置混合模式为

线性加深，不透明度为7%，杂色为20%，方法为柔和，大小为17px。【投影】一栏中混合模式为正片叠底，不透明度为57%，角度为90度，距离为18px，扩展为2%，大小为19px，杂色20%增强立体感。

⑳ 小螺丝的明暗对比效果边缘高光较多。

㉑ 新建图层，载入合适的小螺丝纹理材质图片素材，置于小螺丝明暗对比图层上方，图层模式调整为"线性光"，让小螺丝有了纹理，也有了立体明暗对比。

㉒ 接下来制作标志中的立体金属字体，输入2层文本，填充黑色并且栅格化图层，利用【Ctrl+T】使其形状变形。

㉓ 拷贝小螺丝明暗对比层的图层样式，粘贴至文字层中，并修改文字层【渐变叠加】样式的渐变色条颜色与各项属性，【渐变叠加】一栏中，调整渐变色条，设置混合模式为叠加，不透明度为64%，角度为162度。

㉔ 添加【光泽】样式，调整暗红颜色，设置混合模式为正片叠底，不透明度为99%，角度为19度，距离为53px，大小为9px。使文字的图案有少许红色变化。

㉕ 添加【内阴影】样式，调整各项属性，【内阴影】中混合模式为颜色减淡，不透明度为74%，角度为-21度，距离为5px，阻塞为0%，大小为5px，杂色为26%。以增强文字的立体感。

㉖ 为增强立体金属字的表面红色光泽，框选文字层选区，新建一层图层，填充红色区域，利用特殊笔刷橡皮擦适当擦除做旧，图层叠加在文字层上，使文字效果更加生动。

㉗ 下面绘制标志金属底板的部件，丰富画面细节。新建图层，利用钢笔工具、选区或画笔，绘制出左边的圆圈把手轮廓，填充金属黄色，并且添加【渐变叠加】图层样式，选择默认黑白渐变色条，混合模式为亮光，不透明度为76%，角度为-81度，缩放为100%，使圆形把手变成具有明暗对比的金属黄色。

㉘ 添加【斜面和浮雕】图层样式，调整各项属性，【斜面和浮雕】一栏样式为枕状浮雕，方法为平滑，深度为100%，方向为上，大小为1px，角度为120度，高度为30度，使其富有立体感。

㉙ 新建图层，载入金属把手纹理材质图片素材，并置于把手层上，创建剪贴蒙版，叠加图层模式，调整各项属性，【斜面和浮雕】一栏样式为内斜面，方法为平滑，深度为100%，方向为上，大小为3px，角度为120度，高度为30度。

㉚ 用同样方法分图层绘制多种齿轮形状，使用材质素材与图层样式，展现材质

与立体感，置于标志底板上方，增添画面细节。

㉛完成后，由于画面光线较为暗沉，下面使用光线图片素材，为标志增添色彩变化。

㉜新建3个图层，载入光线图片素材，使用【Ctrl+T】变形工具调整素材方向、大小，图层模式选择"颜色减淡"，不透明度为50%，为图层添加图层蒙版，蒙版填充黑色，使用圆选区，填充黑白径向渐变，利用变形工具调整形状。

㉝接下来绘制"禁区"立体文字效果，新建2个文字层，分别输入"禁""区"，栅格化图层，利用变形工具改变形状，填充灰色，合并图层。

㉞"禁区"文字层设置，其中【图案叠加】【渐变叠加】【光泽】【斜面和浮雕】最为关键。

【图案叠加】一栏中图案选择，缩放为300%，混合模式为正片叠底，渐变效果为金属反光，自行定义并勾选反向，样式为线性，角度为90度。

【渐变叠加】混合模式为颜色减淡，不透明度为53%。

【光泽】混合模式为亮光，不透明度为34%，角度为19度，距离为250px，大小为177px。

【斜面和浮雕】一栏样式为内斜面，方法为雕刻清晰，深度为195%，方向为上，大小为16px，软化为0px，角度为120度，高度为30度。

【纹理】一栏图案为真实金属纹理图片素材，缩放为300%，深度为+10%。

【内发光】一栏中混合模式为颜色减淡，不透明度为80%，杂色为9%，颜色选择橄榄色到透明，源为居中，阻塞为22%，大小为114px。

【内阴影】中混合模式为正片叠底，不透明度为95%，角度为-90度，距离为24px，阻塞为5%，大小为15px，杂色为22%。

【投影】一栏中混合模式为正片叠底，不透明度为89%，角度为120度，距离为9px，扩展为2%，大小为54px，杂色为0%。

㉟"禁区"文字制作完成后，发现色调偏黄，采用复制图层重叠的方式调整颜色，复制一层禁区文字层，删除图层样式，重新添加图层样式如下，【描边】样式，调整大小为2px，位置为居中，混合模式为颜色减淡，填充类型为渐变，角度为0度，缩放为147%。

【颜色叠加】中混合模式为黑色。

【光泽】中混合模式为叠加，不透明度为18%，角度为-18度，距离为21px，大小为46px。

【内发光】一栏中混合模式为颜色减淡，不透明度为71%，杂色为0%，颜色选择米白色到透明，方法为柔和，源为居中，阻塞为100%，大小为250px，范围为75%。

【内阴影】中混合模式为颜色减淡，不透明度为55%，角度为120度，距离为21px。

【投影】一栏中混合模式为叠加，黑色，不透明度为62%，角度为90度，距离为48px，扩展为8%，大小为30px，杂色为0%，较为需要注意的是颜色叠加中的颜色为黑色，混合模式为颜色，可以使下方文字图层的色彩减淡，其他图层样式作为细节体现而设置。

㊱改变叠于上方的"禁区"文字层不透明度为48%。

㊲画面整体已经完成，下面设计一些点缀素材，可以丰富画面的细节与完整度，首先选择一张类似红色液体的图片素材，利用它来制作刀刃上的血液效果。删去黑色背景，扣取红色部分，利用截选、变形工具及涂抹，改变成十字形状，置于文字层上方。

㊳新建图层，利用画笔工具绘制子弹洞痕迹的黑白对比图，再利用图案素材叠加图层样式为其增添材质纹理。

㊴欧美风格游戏《禁区2015》标志完成最终效果图，如图6-29所示。

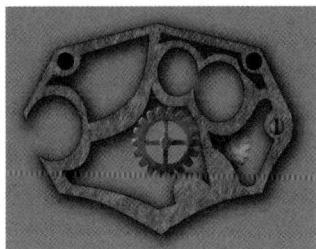

图6-29 完成效果图

🐞**小贴士**

标志是企业、机构、品牌整体的象征，通过造型简单、意义明确的统一标准的视觉符号，将企业经营理念、企业文化、经营内容、企业规模、产品特性等要素，传递给社会公众，使之识别和认同企业的图案和文字。

一、标志

1.标志的演变

从原始部落的图腾、旗帜，到19世纪前欧洲公司行号的标志，看企业标志的演变，可发现其中的规律：标志设计愈发简洁抽象，越来越强调理性、功能化，摒弃装饰。具体而言，一是设计形态由具象转向为抽象图形；二是造型要素由繁杂转为单纯；三是表现形式摆脱绘画性，走向多样性。

2.标志的类型

按所属行业类别分为政府和国际组织机构标志。

公共信息标志用于公共场所指示符号，具有显著的记号作用，如交通指示牌、洗手间等。

3.商标与标志

商标是指个体工商业者为区别的，其生产、制造、加工和经销某一商品的质量、规格和特征使用的标志。经过注册的商标，称为注册商标，受《中华人民共和国商标法》的保护。标志是用一种特殊文字或图像组成的大众传播符号，以精练之形传达特定含义和信息，是交流、传递的视觉语言。

二、标志设计

1.题材与形式分析

（1）以企业、品牌名称为题材

直接以传达企业情报讯息的诉求，亦是近年来标志设计的新趋向，"字体标志"一般在字体标志的全名中，其中一字常设计成具有独特的差异性，以强化视觉冲击是设计的重点。

（2）以企业文化、经营理念为题材

将企业文化与理念相结合以传达整体企业形象，用具象化的图案或抽象化的符号将内涵意义具体表现出来，唤起消费大众的关注与共鸣。

（3）以企业、品牌名称或字首与图案组合为题材

此种设计形式是文字标志与图形标志的综合，具备了图案表现与文字标志的优点，有"图文合一"的同步效果。

（4）以企业品牌的传统历史或地理环境为题材

刻意强调企业名称具有优统历史意义或独特的地域环境，诱导消费者产生认同或对异域产生新鲜感等，具有强烈的故事性与说明的设计形式。设计时常以写实的造型或卡通化的图案将造型标志化。

（5）以企业经营内容、商品造型为题材

依据企业经营内容，产品造型作写实性的设计形态，可直接说明经营种类，服务性质，产品特色等，起说明作用。

2.标志设计的形式

（1）具象表现形式

人体造型的图形（可以是整个人体，也可以是人体的局部）；动物造型的图形（如图腾）；植物造型的图形（如装饰纹样）；器物造型的图形（如建筑物、铅笔）；自然造型的图形（如太阳、水、火、星）。

（2）抽象表现形式

圆形：有吸引性，易形成视觉中心，如椭圆、正圆、复合形；四方形：有方向性，如正方形、梯形、菱形、矩形；三角形：正三角稳重，倒三角危险，如等边三角形、等腰三角形；多边形：可表现多种形式和内容，有相交、剪割、融合等形成；方向形：有方向变化、数量变化、状态变化等形成。

（3）文字表现形式

汉字：有民族化特性，有寓意；英文：表现言简意赅，形态多样；数字：形态独特，易被记忆，设计造型新颖。

3.标志设计的原则

①独特性：最基本的要求是，能区别现有的标志，使之与众不同。

②注目性：注重对比，强调视觉形象的鲜明与生动，是产生吸引性的重要形式。

③通俗性：是使标志易于识别、记忆和传播的重要因素。

④通用性：标志应具有较广泛的适应性，如用在包装、复制、印刷、缩放中等。

⑤信息性：以简练的造型表达丰富内涵，并容易被观者理解的兼容性信息。

⑥文化性：通过标志显现民族传统、时代特色、社会风尚，企业或团体理念精神。

⑦艺术性：是是否能给人美的享受的关键。

⑧时代性：代表着标志在企业形象树立中的核心。

三、标志的设计技法

标志的设计方法可概括为如下几类。

①反复：单纯、简练、实用、优美，具有音乐般的节奏和情调。

②对比：鲜明、醒目、能振奋人心。

③和谐：指以点、线、形、关系要素的和谐，具有统一、稳定、宁静的画面效果。

④渐变：有水平、垂直、倾斜、内外、螺丝式等类形，可呈现秩序、韵律、关联、呼应、整体之美。

⑤突破：可以在上方、下方、左右方突破。

⑥对称：具有秩序、整齐、庄重、稳定的设计效果。

⑦均衡：对称和非对称，力学和视觉，量和力的均衡。

⑧反衬：简洁、明确、独特、巧妙。

⑨重叠：使平面呈现层次感、立体感和空间感，有连接、错叠、交叠、联合、透叠、减缺、差叠、复合等类形。

⑩变异：引人注目，效果独特。

⑪镶嵌：把图形的各元素拼嵌在一起，形成整体并置的均衡感。

⑫连接：有趣味性、延续性效果耐人寻味。

⑬装饰：具有自然的亲和力和艺术美。

⑭具象：可运用变形、夸张、拟人、添加、省略、神话、象征、寓意等手法，效果直观，便于理解记忆。

⑮立体：具有体积感、真实感、重量感。

四、设计标志的程序

1.调查研究

调查研究中可对企业性质、规模，产品的特征、用途、销售对象、同类产品情况等开展调查。

2.题材分类

一是以企业或品牌名称作为核心设计题材；二是选取名称字首展开创作；三是挖掘名称蕴含的意义来构思；四是以企业经营理念为题材；五是将名称与

字首有机组合碰撞出新的火花，这是把字首、图形和名称三者融合拓展设计维度。此外，企业经营内容或产品形态以及其传统或企业所在地域特色均可作为题材融入设计。

五、标志设计的规范化

标志设计完成后，为了保证标志应用的准确性，需要对标志进行精致化作业，其目的在于树立系统化、标准化等使用规范的权威，使各种应用设计的项目都能遵循规范应用标志。因为标志是企业的象征，更是所有视觉传达要素的核心，标志的精致化作业就更显得不可缺少。标志精致化作业的内容大致可分为标志的色稿及说明、墨稿、标准比例图、标志尺寸的规定与缩小的对策、标志变体设计的规范和标志与其他基本要素组合的规定等。

1.标志色彩稿及创意说明

如企业标志由两个互动的英文字母"C"组成一个虚形的"N"，即是中国网通集团英文简称China Netcom的缩写，又是中文"网"字的写意形式，具有鲜明的时代特征和行业特点。蓝色背景和绿的巧妙结合，涵盖了科技与未来的深刻寓意，中文字以合适的倾斜角度，有力传递了企业奋发进取精神。

2.标志黑稿

为适应媒体发布的需要，除了标识出彩色图样外，还应制定黑白图样，保证标识对外形象的一致性，此为标识标准黑白图使用范围。主要用于必须使用的黑白印刷的情况，使用时应严格按照此规范进行。

3.标志的标准比例图

标志的标准比例图主要在于把图形、线条作为数值化分析，以便于正确地使用。一般有下列三种方法：

（1）方格标示法

方格标示法指在正方格子线上配置标志，以说明线条宽度、空间位置等关系，如图6-30所示。

（2）比例标示法

比例标示法指以图形的整体尺寸作为标示各部分比例关系的基础，如

图6-30 方格标示法

图6-31所示。

（3）圆弧、角度标示法

圆弧、角度标示法指用圆规、量角器标示图形与线条的弧度与角度的正确关系与位置，如图6-32所示。

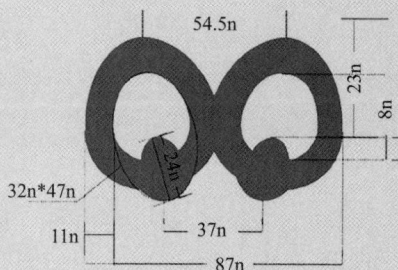

图6-31　比例标示法

4.标志标准化制图

如图6-33所示为标志标准化制图。

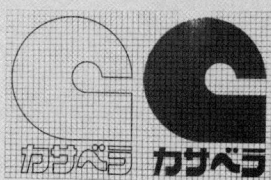

5.标志方格坐标制图

如图6-34所示为标志方格坐标制图。

图6-32　圆弧、角度标示法　　　图6-33　标志标准化制图　　　图6-34　标志方格坐标制图

6.标志尺寸的规定与缩小的对策

标志是企业VI设计的核心要素，因其使用频率高与应用范围的广泛性，要对标志进行应用细节的设计规范，从而确保标志的完整造型。

在通常状态下，标志在应用设计的事物用品上常常要缩小（如名片、信纸、信封、标签等），但由于图形自身和实际应用原因常造成标志在缩小后产生模糊不清、黏成一团的现象，对企业信息传达的准确性和认知度都产生不良的影响。为了避免这一问题的发生，使标志在放大与缩小时都能保持同一性的效果，就必须对标志进行应用时的大小尺寸制定详细的尺寸规范，以防止任意缩放所带来的对原形象的破坏。

7.标志变体设计的规范

由于标志应用场合的广泛性，为了适应不同媒介的需要，针对不同的情况及制作技术的局限使用标志的变体设计，变体设计以不损害原标志的设计理念和形象特征为原则，抓住原标志的造型或主体意义特征进行延伸化。其内容包括变形、空心、反白和线条等样式。

第七章

综合案例分析

【引入】

从"理性的人"到"游戏的人"

游戏既是一种指向自身的意义形式，也是人存在于世的基本方式。自古以来，很多中西方学者都对游戏提出了不同的学说。

1.游戏作为人的自我表现

康德最早将游戏与作为审美活动的艺术相联系，认为游戏和艺术一样，通过区别于一般性劳作来确立自身的意义。在他看来，艺术可以分为"自由的艺术"和"雇佣的艺术"，前者以愉快的情感为直接意图，而后者以获得报酬为主要目的。"我们把前者看作好像它只能作为游戏，即一种本身就使人快适的事情而得出合乎目的的结果；而后者却是这样，即它能够作为劳动，即一种本身并不快适而只是通过它的结果吸引人的事情，因而强制地加之于人。"其中，艺术与游戏的共同特征在于处于一种"自由的状态"，这也构成了康德的自由论游戏观，即游戏是与被迫劳动相对立的自由活动。在康德看来，游戏是一种内在目的的活动，以过程的愉悦和快适的体验为主，而非谋求外在的目标和价值。

2.游戏作为一种意义形式

赫伊津哈、伽达默尔与康德、席勒等人的游戏观也有共同点，都认为游戏是自由的象征、具有目的论上的无用性，同时是精力剩余的产物。但不同的是，赫伊津哈和伽达默尔抛开了人的主观态度和精神状态，认为游戏指向的是自身，相比于游戏参与者的解释意义，游戏的文本意义更为重要。

第一节　国内外教育游戏研究现状

教育游戏是指在当代教育思想的指导下，将学习因素和电脑游戏因素有机结合的具有一定积极意义的计算机游戏软件。

一、国外教育游戏研究现状

20世纪70年代，以心理学、社会学等学科的快速发展为背景，游戏的研究开始步入高潮。人们对游戏的观念，原来只局限于儿童，后来发现成人也需要游戏。教育与电脑游戏的结合呈现多样化，教育游戏产业化已形成规模。

1.教育游戏基本理论研究

这一领域研究怎样运用教育理论来进行游戏的设计，并探讨怎样通过游戏的研究去发掘和创造新的教育理论。通过这些研究探索应包含在教育游戏之中的创意性的、教育性的因素，企图形成一套与教育游戏相关的学习理论。学习的形态往往难以把握，但是可以利用特定的研究框架在一定程度上分析学习活动。国外一些学者提出了用活动理论来分析这些现象的理论框架。活动理论认为应把人的行为放在情景与脉络之中去考察，并把这种分析要素定义为活动。以此理论界定为基础，可以根据活动理论的框架来研究教育游戏中所发生的游戏者的学习活动，及活动的构成要素等问题。建构主义与协作学习是教育游戏的基本教育理论。建构主义认为知识是个人在与社会交互作用并给经验赋予意义的过程中建构的，是相对的认识论。协作学习作为促进这种建构学习的一种学习方法，注重社会交互和社会协商的过程。从学习体验的角度，主张有必要加强学习资源的交互作用性、知识表征方式的多样化以及加强虚拟现实中知识的运用，而正好与这些主张吻合的是，教育游戏能够提供体验学习的机会。

2.教育游戏的设计与开发研究

教育游戏的设计开发者最关注的是教育游戏中所要包含的创意性、教育性因素。例如，以历史内容为主题的《三国志》是一种角色扮演类游戏，在玩此游戏的过程中可以扮演游戏中出现的历史人物，并随着故事的情节自然而然进行历史学习。迪斯尼公司旗下的（用娱乐开启智慧）Enlight Entertainment公司，开发出来的游戏内容和设计都很成熟，切实体现了本国学生和学校教学的需要。用于早期教育的教育游戏题材大多选题自由，如米老鼠和米妮教你说英文，和跳跳虎、小猪们一起玩几何拼图。美国麻省理工学院的媒体实验室主持的Games—to—Teach项目组正开发十多种以大学新生为对象的教育游戏。此外，芬兰、英国等国家也开始重视动漫教育游戏的开发，并已经开发出各种体裁的带有教育意义的游戏。

3.教育游戏运作流程的市场化和产业化

教育游戏运作的第一步是先与教育专家合作，开发后直接作为教育产品由代理商发行。管理方面，由于电脑游戏在发达国家已经有较长的发展时间，多数发达国家都有针对性地设置了一些电脑游戏的分级管理制度。分级制度的设置对我国的教育游戏应用有着重要的借鉴意义。如欧洲现行的泛欧洲游戏信息组织（Pan European Games Information，PEGI），适用于欧洲十六个国家，分为年龄种类和内容类型两部分。美国的娱乐软件分级部门（Entertainment Software Rating Board，ESRB）也制定了本国的游戏分级制度，包括两个部分，一部分是位于游戏包装正面的等级标志，用来标记游戏适合的六个等级的年龄段，另一部分是位于游戏包装背面的内容描述，用特定的词组描述了游戏画面所涉及的内容。韩国、日本等都对本国的教育游戏有相应的分级归类。这一点对于开发商甚至对于整个产业，以及消费群都将起到方向标的作用。

4.教育游戏与学校教育紧密结合

在很多欧美国家，教育类、休闲益智类的游戏开发比较早，已经很好地与学校教育、家庭教育结合在一起。在一些国外在线教育游戏网站，无论是语言学习、数学运算、虚拟实验、在线地图、思维训练、治疗诊断、决策判断，还是各种个别化问题解决能力的训练，抑或是在线情景模拟培训都非常广泛，如迪尼士网站。

🎮 小贴士

游戏学

游戏学英文名词为Ludology，派生于拉丁文ludus，指从游戏本体的角度研究游戏现象、游戏规律、游戏设计和游戏文化的专门学科。最早于1999年游戏学家贡萨洛·弗拉斯卡（Gonzalo Frasca）的论文《当游戏学遭遇叙事学：游戏与叙事的异同》中提出。后来，在《超文本年鉴》的引用下，游戏学的概念在游戏设计界广为传播，逐渐成为文学、艺术、设计等学术领域的课题，并被广泛接纳。

二、国内教育游戏研究现状

近年来，国内关于电脑游戏有许多有价值的探讨，在电脑游戏的教育应用上也有许多有意义的探索，但总体处于起步阶段。

1.传统游戏和电脑游戏

其一是对传统游戏进行追根溯源的研究，指出游戏是人们生活的内在需要，是人类的存在方式。其二是电子游戏的艺术形式方面。有学者认为电子游戏是一种新的艺术形式，在人类艺术发展史里是继文学、戏剧、绘画、音乐、舞蹈、建筑、电影和电视之后的"第九艺术"。

2.电脑游戏教育价值

电脑游戏作为信息时代新的游戏形式，对人类尤其对青少年的影响是未曾预料到的，这导致了人们对电脑游戏存在认识上的分歧，持否定态度的人将之视为洪水猛兽，认为它严重影响了学生们正常的学习；但有许多人对其热情不减，往往以电脑游戏的优势来反观教学方式和教学内容中存在的单调、乏味、僵化等弱点，倡导在教育中借鉴电脑游戏中快乐、成功的积极因素。

3.教育游戏及其应用的实践探索

（1）产业化发展趋势

近年来，国内已有一些企业已经或正在进入教育游戏这块新领域，教育游戏已有迅速发展之势。如进入教育游戏推广阶段的珠海奥卓尔软件有限公司、星泉信息技术（上海）有限公司、创新未来电脑有限公司等，已经宣布进军教育游戏产业。处于产品研发阶段的有三辰网龙有限公司等，正准备进入教育游戏的领域。目前出现的教育游戏一般可分为角色扮演游戏和Flash游戏，从游戏内容和适用对象来看，我国的教育游戏均不约而同将游戏用户定位于小学生，涉及的学科有小学数学、小学语文、小学英语单词、信息技术，还有用于制作游戏课件的软件，如"数学游乐园""快乐教师"，可供教师在一定范围内制作出新的教学游戏课件。现有的教育游戏更多集中在语文、数学、英语科目上，而科学、历史、地理、物理、化学、生物、思想品德、信息技术等科目的教育游戏非常少见。对象主要集中在小学，中学及以上几乎很少涉及，更不要说成人群体。

（2）企业与教育专家联手开发

奥先游戏化学习研究中心由珠海奥卓尔软件公司和华范大未来教育研究中心联

手组成，致力于研究和开发教育游戏软件，面向中小学生和学龄前儿童，奥卓尔"游戏化教育"软件面向教师及家长。在与教育专家联手开发的过程中，教育游戏公司将各科教学知识点以学生喜欢的游戏方式呈现。迄今为止，游戏化学习产品已经有超过2000所学校使用。

（3）政府行为介入

共青团中央网络影视中心公开征集网络游戏剧情脚本，为了给广大青少年和网络爱好者提供内容健康、思想内涵丰富的网络游戏产品，增强青少年的民族自豪感和凝聚力。《中共中央国务院关于进一步加强和改进未成年人思想道德建设的若干意见》中也提出：要积极鼓励、引导、扶持软件开发企业，开发和推广弘扬民族精神、反映时代特点、有益于未成年人健康成长的游戏软件产品。在2004年11月8日，由上海市教育委员会牵头的"健康游戏"招标会在沪举行。率先面向全国，由教育主管部门为学生玩游戏买单，此举开国内先河。教育部门从抵制电脑游戏，变成主动出击，电脑游戏不再是洪水猛兽，也可以作为教育的有力工具。但是就我国整体情况而言，对教育游戏认识模糊，虽对其恐惧、排斥心理有所趋缓，但误解还存在。教育游戏的应用也很少，已有的应用也仅限于小学阶段的某些科目上，在中学、大学教育中的应用很少见。

（4）课程改革试验

由上海师范大学与上海市闵行区教育局合作进行的中小学信息技术教育创新研究，正在进行基于项目的学习、基于游戏的学习和基于故事的学习的课程改革试验。他们用儿童的视角来设计小学生的信息技术学习方式，以科幻故事、寓言故事等游戏化情景为主线，将信息技术的学习融入游戏和故事当中。游戏化的教材已经初步形成。

第二节　MOBA游戏

MOBA（Multiplayer Online Battle Arena）指多人在线战术竞技游戏，又被称为动作即时战略游戏（Action Real-Time Strategy，ARTS）。这类游戏的玩家通常被分为两队，两队在分散的游戏地图中互相竞争，每个玩家都通过一个即时战略游戏风格的界面控制所选的角色。不同于《星际争霸》等传统的即时战略游戏,这类游戏通常无须操作即时战略游戏中常见的建筑群、资源、训练兵种等组织单位,玩家只控制自己所选的角色。

1998年《星际争霸》发行,第一次在暴雪娱乐公司制作并发行的游戏中绑定了地图编辑器。利用这款地图编辑器,当时有一位叫Aeon64的玩家制作出一张名为"Aeon Of Strife"的自定义地图,这就是所有MOBA游戏的雏形。在这个自定义地图中,玩家们可以控制一个角色单位与电脑控制的敌方角色团队作战,地图有三条兵线,并且连接双方主基地,获胜的目标就是摧毁对方主基地。值得一提的是,这款老地图现今依然在《星际争霸Ⅱ》中保持着更新。这张星际争霸的自定义地图是*DOTA*的前身,也是所有MOBA的雏形,因此MOBA游戏的源头应该追寻至《星际争霸》时代的角色扮演类游戏地图。

一、MOBA游戏的用户和使用场景

1.游戏用户

游戏的直接用户就是游戏玩家。不同类型游戏用户的需求和使用习惯存在差异。即使在同一游戏中,也存在不同生态的玩家圈。

2.使用场景

初阶玩家:一般首次接触MOBA类型的游戏,对玩法、规则都不太了解,往往是被IP(Intellectual Property,知识产权)、画面吸引而来,或者出于好奇由朋友拉入圈。此类玩家在追求上偏重外观和娱乐消遣。

中阶玩家:对玩法和规则已经比较了解,并慢慢地形成了一些心得,占玩家群体的大多数。此类玩家在追求上偏重娱乐消遣或技术操作,但仍然会利用闲暇时间单人匹配排位,也常有在固定时间与小群体组队游戏的使用场景。

高阶玩家:对玩法和规则非常了解,能熟练完成进阶操作。他们钻研战术,注重硬核体验,对游戏操作和体验的细节极度敏感,喜欢更高难度的挑战,对系统要求也更严格。

二、MOBA游戏案例分析

1.用户洞察与需求梳理

（1）挖掘用户需求

重度游戏用户：此类游戏玩家根据游戏安排日常作息时间，投入游戏时间长，有极强的主动性，成就动机高、能掌握难度更高且复杂的技能，对操作细节和系统反馈非常敏感。

中度游戏用户：此类玩家会根据日常作息安排游戏时间，有较强的主动性，成就动机中等。

轻度游戏用户和游戏观众：那路人玩家，有时间就玩一下游戏，投入时间短，游戏动机一般，仅为休闲娱乐。

（2）梳理体验流程

在梳理体验流程时一个典型的MOBA游戏最初会先在最基本的核心玩法（如两队联机对战）的基础上，讨论并确定可能需要的系统（如角色系统、技能系统、装备系统、地图及资源、对战模式、战术系统等），以及奖惩机制和游戏规则。

（3）明确体验要点

明确体验要点指通过竞品分析来宏观分析同类型游戏的特征、玩法、用户反馈以及优劣势，同时概括总结当前MOBA游戏中用户最熟知和最诟病的方面。

（4）提炼流程图和功能列表

在明确了各个规划系统以及对战模式后，可以从各个阶层用户的角度提炼用户进行游戏时的主要交互场景，以及在这样的交互场景下需要的功能特性。

在开始生成可视化的交互模型前，还需要充分研究用户进行游戏时的设备。

（5）用户行为及使用场景

在MOBA游戏中，玩家控制一名游戏角色，同其他游戏参与者在同一地图上进行竞技。此外，会在游戏的地图中设定不同的特有资源，并分散在不同的位置。因此，需对用户行为及使用场景进行分析。

2.产品的交互设计

（1）参与者

游戏交互设计并不是独立的工作，需要考虑上下游的参与者，设计出符合当前目标的方案。与交互设计工作比较密切的参与者有策划、视觉设计师、程序设计师。

（2）需求梳理

在统一参与者的目标和期望后，需求已处于比较明确的状态，但还需要进一步梳理。梳理的作用是明确需求的核心。

（3）流程梳理与界面规划

在需求梳理中整理出可能的功能点和侧重点后，可以对整个交互流程进行模拟设想。

（4）界面初稿

对界面规划中列出的界面进行设计，产出界面初稿。界面初稿主要围绕以下三个方面进行：即界面框架、特色包装、设计验证。

（5）确认与跟进

对界面方案进行确认并执行跟进。

（6）测试与迭代

当游戏开发执行到一定程度后，就可以封包并进行测试了。在这个阶段，主要对游戏进行两个方面的测试，即技术层面和内容层面。

技术层面主要测试系统漏洞、主要功能的完整程度、程序运行时所能承受的压力、系统反馈是否流畅。内容层面主要看试玩效果是否符合预期、体验效果是否达到标准、试玩数据是否合理等。

（7）行业验证

当游戏开发完成后，会交给游戏渠道发行商、游戏媒体等业内相关人员试玩，获取他们的评价，并根据他们的行业见解再次对游戏本身进行进一步的调整和优化。

🛡 小贴士

游戏的媒介互动观

从早期康德认为"游戏是与被迫劳作相对立的自由活动"，赫伊津哈总结游戏的特征为"自由、非功利性、隔离性以及秩序和规则"，卡约瓦认为游戏必须具备"自由、隔离、无产出、规则掌控、伴信"的特征。为近年来国内学者界定"游戏是受规则制约，拥有不确定性结局，具有竞争性，虚而非伪的人类活动"的游戏概念。可以看出，游戏的规则性、互动性、竞争性愈加明显，游戏从最初的审美的、艺术的活动愈加成为有实践指向的社会性活动。

斯蒂芬森从大众传播学的角度思考了游戏的意义和社会价值。他在《大众传播的游戏理论》一书中将传播分为了工作性传播和游戏性传播，认为人们读报纸，听广播，看电视就像儿童玩过家家一样，主要在于消遣娱乐，以便把自身从成人化的工作环境中解放出来。"大众传播最好的一点是允许人们沉浸在主观性的游戏中，因为它能使人快乐。"大众传播游戏理论的"工作—游戏"二元对立在一定程度上是对康德"自由论"游戏观的发展，通过将游戏与工作相"区隔"来确立游戏的意义。斯蒂芬森对游戏的意义论述从个体延伸到社会，认为游戏能够传播快乐，而工作传播的是痛苦。此外，受赫伊津哈影响，斯蒂芬森也是从文化的视角来理解和讨论游戏的意义，"倘若我们以游戏的视角来看待大众传播的话，那么或许可以说一个社会发展自身文化的形式恰恰就是大众传播的游戏形式——这种形式发展忠诚、伴随梦想、有其神话；而反复灌输工作的大众传播则与此截然不同。"

早在斯蒂芬森之前，麦克卢汉就在《理解媒介——论人的延伸》中对游戏的社会意义进行了论述。麦克卢汉将游戏视作一种媒介，因此游戏也是人的延伸，但这种延伸并非我们个体的延伸，而是社会自我的延伸，原因在于任何的游戏都包含着相互作用的意义。"游戏是人为设计和控制的情景，是群体知觉的延伸，它们容许人从惯常的模式中得到休整。"在讨论艺术与游戏关系时，麦克卢汉认为游戏和艺术都是一种"经验转换器"，能够将熟悉的经验转换为新颖的形式，因此经常混合在一道："游戏是大众艺术，是集体和社会对任何一种文化的主要趋势和运转机制作出的反应。"这种经验的转换和反应，使得"事物惨淡和朦胧的一面放出了光辉"，麦克卢汉所称的经验转换过程便是符号化的过程，即赋予事物以意义，这也是人类存在于世的基本方式。艺术和游戏给我们提供了充分参与社会生活的直接手段，使我们从日常生活的机械活动中逃离出来。在麦克卢汉看来，人类如果没有游戏，便会堕入一种无意识的昏迷状态，如同行尸走肉。

无论是斯蒂芬森还是麦克卢汉，都肯定了游戏在人类传播活动中的重要作用，游戏作为媒介被用于传播快乐。既然游戏是人的社会自我的延伸，这种延伸必定在互动中展开。在前数字时代，游戏的互动主要是人和自我的互动、人和人以及人和环境之间的互动，如弗洛伊德认为儿童游戏是一种想象性的模仿，赋予自我角色来满足自身愿望。但是，卡约瓦认为游戏和玩耍既有物质性，也有想象性："如果不是幻觉，所有的玩耍都预设了一种暂时的认可——实际上，幻觉这个词恰恰意味着开始一场游戏，那么它至少是一个封闭的、约定俗成的，在某些方面是一种想象的世界。"

游戏能够将人的想象世界与现实世界相连接，无论游戏场景如何流动，一旦参与者进入游戏场景，并在同一游戏规则下开展活动，便开始了人与自我、他人以及环境的互动过程。这一游戏互动构成了整个人类社会活动的隐喻，因为游戏的互动过程同时是意义生成过程，其中包含了游戏者对自我意图的传达、对他人行为的反应和对整个情境的解释。米德在《心灵、自我与社会》一书中阐释了心灵、自我与社会之间的关系假说，认为人的心灵与自我作为心理意识活动完全是社会的产物，人们通过符号化的沟通与互动过程适应外部世界，形成自我、意义以及社会。在游戏这个虚拟又真实的微观社会中，每一项行动都是在规则制约下组织符号制造意义的过程。伊藤瑞子以游戏中的卡片收集和交换为例，论述道："讨论和交换卡片的游戏体现了作为一种参与类型的超社会性：它是在地的社会性协商与基于媒介的知识和能指之间交换的融合。"在她看来，游戏能够调动年轻人的想象力，将他们在游戏中的创作和表演延伸到现实生活中来，游戏中的协商、合作、交易、矛盾以及争斗既是虚拟的，也无比真实。

随着电子游戏的兴起和发展，电子游戏成为游戏研究的主要对象，它包括游戏设计、程序、叙述、互动以及情感体验等方面，"游戏学"应运而生。弗拉斯卡在1999年提出"游戏学"这一概念，旨在希望电子游戏研究能够成为独立学科，认为游戏基于"拟真"而非"再现"，也不应是"叙述"和"戏剧"的拓展。电子游戏中的交互也不再表现为人与人、人与环境之间的直接互动，而是一种人—机—人模式。吉丁斯在《游戏世界：虚拟媒介与儿童日常玩耍》一书中描述了几个男孩玩《精灵宝可梦》游戏时的景象，精灵宝可梦的世界跃出了控制板的小小屏幕，从漫画到电视，从纸牌到玩具，从各个媒介平台间渗透到日常的思想和交谈中；这个假期的特点是长途旅行，其中有"精心设计"的场景和情节存在于孩子们的口中。皮卡丘、小火龙和其他许许多多角色在汽车里的孩子之间被唤起、被召集，虽然它们无形，但确确实实在场。

因此，游戏既是虚拟的，也是真实的，既是想象的，也是在场的。电子游戏和传统游戏之间尽管存在形式上的差异，但不存在意义上的区隔。一旦参与者进入同一游戏场域，无论是物质环境还是虚拟世界，他们都在游戏规则支配下使用同一套符码，共享同一个意义世界。如麦克卢汉所言："游戏是一架机器。只有参加游戏的人一致同意，愿意当一阵子傻偏时，这架机器才能运转。"而且，游戏是连接虚拟世界与真实世界的媒介，除了娱乐的休闲意义外，也具有严肃的价值和功用。赫伊津哈认为游戏与严肃并存并且包含严肃，伽达默尔认为游戏具有独特而且神圣的严肃，并且具有某种目的性。尽管赫伊津哈和伽达默尔所论述的游戏基于的是文化中的娱乐成分，不同于现在的游戏，更与电子游戏无关，但他们认识到游戏能同时包含娱乐和严肃两个方面，并且具有现实指向性。严肃游戏的诞生更是证明了这种现实指向，严肃游戏即不以娱乐为主要目的游戏，被广泛应用于教育、医学以及科研等领域。

从斯蒂芬森的"传播快乐"到麦克卢汉的"作为媒介的游戏"，从电子时代的游戏学再到严肃游戏的兴起，我们可以看出：游戏融合了事实与想象，连接着真实与虚拟，包含着娱乐与严肃。游戏作为一种符号活动，既包含着以自我娱乐为主的过程意义，如参与者传达自我意图、解释他人行为、把控整个环境。同时能够将游戏场域中生成的意义延伸到其他领域，如形成自我认知、建立社会关系，指导社会实践。一个游戏场域便是一个微观社会，其中有合作也有竞争，有统治也有对抗，进入该场域的人们共享着同一个意义世界。

参考文献
REFERENCES

[1] 杨丰盛. Android应用开发揭密 [M]. 北京：机械工业出版社，2010.

[2] 赛斯·吉丁斯. 游戏世界：虚拟媒介与儿童日常玩耍 [M]. 徐偲骕，译. 上海：上海文艺出版社，2019.

[3] 宗争. 游戏学：符号叙述学研究 [M]. 成都：四川大学出版社，2014.

[4] 董虫草. 西方艺术游戏论述评 [J]. 浙江师范大学学报（社会科学版），2006（2）：39.

[5] 约翰·赫伊津哈. 游戏的人：关于文化的游戏成分的研究 [M]. 多人，译. 杭州：中国美术学院出版社，1996.

[6] 赵毅衡. 艺术与游戏在意义世界中的地位 [J]. 中国比较文学，2016（2）：1.

[7] 喻国明. 从网络游戏到功能游戏：正向社会价值的开启 [J]. 理论视野，2018（5）：25-27.

[8] 蔡丰明. 游戏史 [M]. 上海：上海文艺出版社，1995：4.

[9] 黎志雄，黄彦湘，陈学中. 基于HTML5游戏开发的研究与实现 [J]. 东莞理工学院学报，2014（10）：49-53.

[10] 刘志锋，魏振华，蒋年德，等. 闯关游戏思想在C/C++语言程序设计课程教学中的应用研究 [J]. 东莞理工大学学报，2014（4）：390-393.

[11] 尚俊杰. 游戏化学习的价值及未来发展趋势 [J]. 上海教育，2016（35）：45-47.

[12] 邓增强. 基于Unity3D的轻量级ARPG手机游戏系统研究与应用 [D]. 广州：广东工业大学，2017.

[13] 孔祥龙. Android平台连连看游戏界面设计 [J]. 信息与电脑（理论版），2016（20）：116-117.

[14] 张著，刘付勇. 国内外教育游戏的设计与开发现状研究 [J]. 软件导刊（教

育技术），2016，15（8）：88-90.

［15］张艳. 基于手机游戏UI设计方法分析实证探究［J］. 智库时代，2020（11）：
237-238.

［16］安航. 基于手机游戏的UI设计方法研究［D］. 西安：陕西师范大学，2016.

［17］李晓辉. 基于用户体验的3～6岁儿童益智游戏界面设计研究［D］. 呼和浩
特：内蒙古师范大学，2020.

［18］卢文丽. 基于智能手机平台的游戏UI设计［J］. 自动化与仪器仪表，2019
（4）：95-98.

［19］杜桂丹. 浅析手机游戏《王者荣耀》U1界面设计［J］. 新闻研究导刊，2019，
10（20）：39-40.

［20］苗浩琦. 手机游戏交互界面情感化设计研究［D］广州：华南理工大学，2019.

［21］邵亚楠. 图标设计在智能手机游戏界面中的运用分析［J］. 艺术科技，2018，
31（11）：83-84.

［22］林立. 网络游戏UI界面设计的相关问题探讨［J］. 信息与电脑（理论版），
2020，32（7）：89-91.

［23］万发林，赵竞. 移动端游戏界面设计探索与实践——以《百变推币机》为例
［J］. 设计，2018（9）：118-119.

［24］张丽. 游戏界面的视觉流程研究［D］. 武汉：华中师范大学，2016.

［25］程嘉琪. 游戏美术在手机游戏界面上的思考［C］//教育部基础教育课程改革
研究中心. 2020年课堂教学教育改革专题研讨会论文集. 长春：吉林动画学
院，2020：2.

［26］程梦稷. 游戏内外——罗歇·卡伊瓦游戏理论述评［J］. 民间文化论坛，
2019（3）：109-118.

［27］任燕，王思行. 游戏用户界面设计的交互性优化趋势浅析［J］. 数字技术与
应用，2022，40（9）：183-186.

［28］桂风娇. 课程思政理念融入《游戏界面与UI设计》课程的探索与实践［C］//
课程教学与管理研究论文集（一）. 重庆：重庆工程学院，2021：5.